茶树栽培与茶叶加工学

张春花　单治国　著

西北农林科技大学出版社
Northwest A&F University Press

·杨凌·

图书在版编目（CIP）数据

茶树栽培与茶叶加工学 / 张春花，单治国著 .—杨凌：西北农林科技大学出版社，2022.12

ISBN 978-7-5683-1219-6

Ⅰ.①茶… Ⅱ.①张…②单… Ⅲ.①茶树—栽培技术②制茶工艺 Ⅳ.① S571.1 ② TS272.4

中国版本图书馆 CIP 数据核字（2022）第 256283 号

茶树栽培与茶叶加工学

张春花　单治国　著

出版发行	西北农林科技大学出版社	
地　　址	陕西杨凌杨武路 3 号　　邮　编：712100	
电　　话	办公室：029-87093105　发行部：029-87093302	
电子邮箱	press0809@163.com	
印　　刷	西安浩轩印务公司	
版　　次	2024 年 1 月第 1 版	
印　　次	2024 年 1 月第 1 次印刷	
开　　本	787 mm×1092 mm　1/16	
印　　张	10.5	
字　　数	198 千字	

ISBN 978-7-5683-1219-6

定价：79.00 元

前言

我国是茶叶大国，茶文化源远流长，博大精深。在物质生活日益丰富的今天，社会对茶叶的需求更加旺盛，提高茶叶产量已成为茶叶种植户需重点关注的问题。然而，只有采用高效的茶树栽培技术才能实现茶叶高产的目标。

全书一共分为七章，第一章主要阐述了现代茶叶概述等内容；第二章主要阐述了茶树的生长特性与环境条件等内容；第三章主要阐述了种植准备等内容；第四章主要阐述了茶园管理等内容；第五章主要阐述了茶树管理等内容；第六章主要阐述了病害管理等内容；第七章主要阐述了茶叶加工技术等内容。

为了确保研究内容的丰富性和多样性，作者在创作过程中参考了大量理论与研究文献，在此向涉及的专家学者们表示衷心的感谢。

最后，限于水平有不足，加之时间仓促，本书难免存在疏漏，在此，恳请同行专家和读者朋友批评指正！

作　者

2022 年 2 月

目录
CONTENT

1

第一章
现代茶叶概述

茶叶起源于中国。中国是世界上最早发现、利用和种植茶树的国家，有史稽考的人工种植茶树的历史也有 3000 多年了。目前，世界上已有 50 多个国家种茶，茶种都是直接或间接从中国传播出去的。茶叶是世界三大饮料之一，深受各国人民的喜爱，地球上有人居住的地方几乎都能找到茶，饮茶已成为人们日常生活不可缺少的组成部分。按 2g 茶叶泡 1 杯茶计算，目前世界上生产的茶叶，每天可泡 59 亿杯，相当于人均每天 1 杯，茶已成为仅次于水的饮料。大量的研究表明，茶叶内含有的成分具有抗氧化、清除自由基、抗突变、抗衰老和抗癌、抗心血管病等功效。随着茶叶对人体保健作用研究的不断深入，茶叶在饮料中的地位、茶叶的消费量还将进一步攀升。

第一节　中国茶叶生产现状

一、中国茶叶生产概况

茶叶属于天然健康的饮品，在中国有着悠久的饮茶历史。2020 年，全国 18 个主要产茶省（自治区、直辖市）茶园总面积 316.5 万公顷，比去年增加 9.99 万公顷，同比增长 3.26%。其中，可采摘面积 276.81 万公顷，比去年增加 30.76 万公顷，同比增长 12.5%。中国是茶叶的最大生产国，茶叶产量世界第一。

2016 年以来，中国茶叶产量呈稳定增长趋势，数据显示，我国茶叶产量从 2016 年的 231.33 万吨增长至 2020 年的 297 万吨，2020 年较上年增加 19.28 万吨，同比增长 6.94%（图 1-1）。

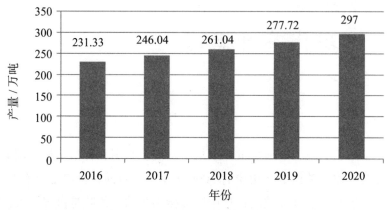

图1-1　2016—2020年我国茶叶产量

2020 年，我国六大茶类中，绿茶、乌龙茶产量继续稳增，但总产量占比继续向下微调；红茶、白茶、黄茶产量激增，总产量占比出现攀升；黑茶略有减产，总产量中占比有所下降。具体来看：绿茶产量 184.27 万吨，占总产量的 61.70%，比增 6.99 万吨，增幅 3.94%；红茶产量 40.43 万吨，占比 13.54%，比增 9.71 万吨，增幅 31.59%；黑茶产量 37.33 万吨，占比 12.50%，比减 0.48 万吨，减幅 1.28%；乌龙茶产量 27.78 万吨，占比 9.30%，比增 0.20 万吨，增幅 0.73%；白茶产量 7.35 万吨，占比 2.46%，比增 2.39 万吨，增幅 48.05%；黄茶产量 1.45 万吨，占比 0.49%，比增 0.48 万吨，增幅 48.78%

近几十年来，我国茶产业的发展取得了举世瞩目的成就，茶园面积、茶叶产量和出口量持续攀升。与此同时，由于增长速度太快，也导致了茶资源的浪费现象。目前，只采春茶，不采夏秋茶，或只采名优茶，不采大宗茶的现象十分普遍，茶资源利用率不高。

大力发展名优茶生产，已成为我国茶叶生产由数量型向质量和效益型转变的核心。自 1984 年茶叶生产放开以来，我国名优茶生产突飞猛进。1990 年我国名优茶产量仅为 2.9 万吨，占茶叶总产量的 5%；名优茶产值 6.4 亿元，占茶叶总产值的 13.5%。到 2012 年名优茶产量达 77.8 万吨，占茶叶总产量的 44.2%；名优茶产值 685 亿元，占茶叶总产值的 71.8%。名优茶生产的效益直接关系到茶叶生产的总体效益。2017 年，国内茶叶市场中，名优茶产量 127.4

万吨，增幅6.8%；大宗茶产量133.5万吨，增幅7.0%。名优茶产值1427.8亿元，增幅10.42%；大宗茶产值479.8亿元，增幅23.3%。名优茶与大宗茶产量占比分别为49%和51%，产值占比分别为75%和25%，名优茶的占比均有所增加。从2017年到2020年年底，名优茶产量逐渐增加，占总体产值的比例也在逐渐上升。

各茶类生产更加均衡协调。我国是世界上生产茶类最多的国家，从大类分有绿茶、红茶、青茶（乌龙茶）、黄茶、白茶、黑茶六大茶类，另外再加工茶有花茶和砖茶等；各茶类又可划分多个小类，如绿茶包括炒青、烘青、珠茶、蒸青和名优绿茶等，名优绿茶的品种更是不计其数。在过去10多年中，我国根据市场需求和茶树品种、气候等特点，对茶类结构进行了大规模的调整，除优势茶类绿茶进一步增加外，乌龙茶、普洱茶和红茶等均有大幅度增加。2020年，中国绿茶内销量127.91万吨，占总销量的58.1%；红茶31.48万吨，占比14.3%；黑茶31.38万吨，占比14.2%；乌龙茶21.92万吨，占比10.0%；白茶6.25万吨，占比2.8%；黄茶1.23万吨，占比0.6%（图1-2）。各茶类中，绿茶均价132.85元/kg，红茶159.09元/kg，乌龙茶128.06元/kg，黑茶96.11元/kg，白茶143.35元/kg，黄茶138.06元/kg。

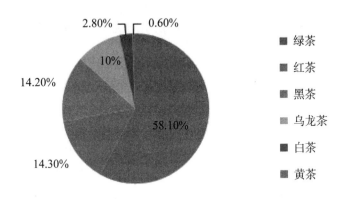

图1-2 2020年中国六大茶类内销量占比

2020年，中国传统茶类销售格局基本稳定。名优茶仍是创造茶产业价值的主力军，内销额贡献率继续保持在70%以上。从销售通路看，受疫情影响，连锁门店、批发市场、商超卖场、传统茶馆，甚至新中式茶饮都出现了发展停滞的现象，而天猫、京东等平台电商的销售量大增，销售份额持续扩大。从消费市场发展看，由于疫情使人们更注重健康，因此饮茶人口数量与消费需求量持续增多，而且在可预期的未来将进一步扩大。

在内销市场中，新式茶饮近年来热度较高。从行业角度看，新式茶饮是产品与业态的融合体；从消费者的角度看，则是服务与产品的统一。在城市分布方面，2020年新式茶饮门店在一、二线城市的增速放缓，呈现向三、四线市场下沉的趋势。在消费选择方面，"品质安全"超越"口感口味"成为首要考量因素。新茶饮业的发展变化对未来中国茶叶产销格局具有重要的参考价值。

茶叶生产技术水平稳步提高。各地深入开展化肥农药使用量零增长行动，茶叶主产区的生态环境明显改善，产品质量明显提高。全国茶叶病虫害绿色防控覆盖率达57.5%。以"统筹茶文化、茶产业、茶科技"为指导，各地不断拓展茶产业的多种功能，延伸产业链，提升价值链。各地还在继续推进实施品牌战略，在打造区域公用品牌的同时，注重培养与扶持品牌企业。科技赋能茶产业的力度也在加大，物联网、大数据、生物科技等新技术在茶产业中广泛应用。由于科技进步，以及现代茶叶种植与加工技术成果的大规模推广应用，我国茶叶生产技术水平不断提高，特别表现在平均单产和良种普及率的提高。随着标准化、生态化、规模化茶园的推进，推广应用生态调控技术、测土配方施肥技术、设施茶园（如喷灌、滴灌、覆盖茶园）的比例也在不断提高，有力地促进了我国茶叶生产技术向优质、高效、安全、生态和可持续方向发展。

二、中国茶区分布

我国茶园面积大，茶区广阔，茶叶生产已发展到以滇、川、闽、鄂、浙、贵、湘和皖等省区为主，包括西藏、甘肃和山东等地在内的20多个省区的近千个县市。由于各地气候和土壤条件等各不相同，对茶树的生育特性和种植技术有很大影响。针对茶树生长的环境条件，及其对种植技术的要求等，我国茶树种植区域被划分为华南、西南、江南、江北四大茶区。

（一）华南茶区

本区位于欧亚大陆东南缘，是我国最南部的茶区，包括福建、广东省中南部、广西壮族自治区南部、云南省南部、海南省及台湾地区。

本区内茶树品种资源丰富，大山区内存在野生乔木型大茶树，与其他常绿阔叶树种混生。栽培品种主要为乔木型大叶种，小乔木和灌木型中小叶种也有分布。本区生产的茶类主要有红茶、普洱茶、六堡茶和乌龙茶等，由于品种和生态条件适宜，特别适合发展普洱茶、红碎茶和乌龙茶。本区生产的大叶种红碎茶，具有浓、强、鲜的品质特点，质量超过其他地区中、小叶种的红碎茶。滇南生产的普洱茶加工简单，茶味浓醇，回甘耐冲泡，不仅在国内畅销，外销也是抢手货，近年来呈现高速发展的趋势。闽南和中国台湾南投县等地生产的乌龙茶如铁观音、凤凰单根等在国内外享有盛誉，为名贵珍品。

华南茶区高温多雨，水热资源丰富，年均气温在20℃左右，极大部分地区最低气温不低于-3℃，年降水量1500～2600mm。土壤主要为砖红壤和赤红壤，部分黄壤。茶树的生育期长，部分地区茶树无休眠期，全年可以生长。在自然生长状态下，茶树新梢一年可伸长140～160cm，展叶35～40片，生长4～5轮侧枝。因此，对幼龄茶树可采用弯枝法或分段法定型修剪，迅速培养成丰产树形。茶叶一年可采7～8轮，在良好的管理条件下，终年可以采茶。云南和海南及广西南部地区的橡胶、茶树间作，亦是本区栽培特点之一。这种胶茶人工生态系统，能充分利用自然资源，取得了较好的经济效益。

（二）西南茶区

本区位于我国西南部，是我国最古老的茶区，包括贵州、重庆、四川、云南中北部以及西藏自治区的东南部等。西南茶区由于土壤、气候条件适合茶树生育，加之劳动力资源相对丰富，劳动力成本较低，近年来茶产业发展迅速，已成为我国茶叶的最大产茶区。

区内的茶树品种资源十分丰富，既有小乔木、灌木型品种，也有乔木型品种。生产茶类众多，有红茶、绿茶、边销茶、沱茶及花茶等。名茶有四川蒙顶、都匀毛尖、昆明十里香等。本区地形复杂，地势高，各地气候和土壤差异较大，但大部分地区水热条件较好。由于秦岭大巴山屏障对冬季寒潮的阻挡，茶树冬季一般不会发生冻害，夏季旱热害也较少发生，但有季节性干旱现象。年均气温在14～18℃，最低气温一般在-3℃以上；降水量1000～1700mm，多集中在夏季，易引起土壤冲刷。该区日照较少，雾多，相对湿度大，是该区气候条件的重要特点之一。土壤在滇中北为赤红壤、山地红壤和棕壤，川、黔及东南部以黄壤为主，土壤质地黏重，有机质含量一般较低。在茶树种植过程中应特别注意水土保持和提高土壤的有机质含量。

（三）江南茶区

本区是我国茶叶的传统主产区，包括广东和广西北部，福建中北部，安徽、江苏、湖北南部以及湖南、江西和浙江等省。

区内茶树资源丰富，茶树品种主要是灌木型品种，小乔木型也有少量分布。生产的茶类有绿茶、红茶、乌龙茶、白茶、黑茶和花茶等，是全国重点绿茶区。这里生产的名茶，种类繁多，品名有数百种之多，其中最著名的有西湖龙井、洞庭碧螺春、黄山毛峰、太平猴魁、武夷岩茶、庐山云雾、君山银针等，在国内外享有盛誉。该区社会经济条件优越，科技力量雄厚，新育成的茶树品种很多，经鉴定可推广的绿茶品种有龙井43、乌牛早、白叶一号、中茶108、中茶102、龙井长叶、迎霜、翠峰、福云6号、福云10号、浙农12号、浙农113等。红茶品种有水仙、江华苦茶、楮叶齐、安徽1号、安徽3号等。乌龙茶品种有金观音、黄观音、水仙、肉桂、丹桂、铁观音、毛蟹、黄桂、梅占等。白茶品种有政和大白茶、福鼎大白茶等。

江南茶区春暖、夏热、秋爽、冬寒，四季分明；年均气温15～18℃，最低气温可至-8～-16℃，最高气温可达40℃以上；年降水量1000～1500mm，以春季降水最多，秋、冬季较少；夏秋季高温少雨，易发生伏旱或秋旱。土壤多为红壤，部分为黄壤或黄棕壤，还有一部分黄褐土、紫色土、山地棕壤和冲积土。低丘红壤水土冲刷较严重，土层浅薄，结构差，有机质含量低。因此，茶树种植过程中应注意抗旱和提高土壤肥力水平。另外，本区茶叶生产历史悠久，老茶园比重大，应有计划地更新改造、换种改植，发展优良无性系品种。

（四）江北茶区

本区是目前我国最北茶区，包括甘肃、陕西和河南南部，湖北、安徽和江苏北部，以及山东东南部等地。

本区茶树品种多为灌木型中小叶种，如紫阳种、信阳种、歙县群体种等，抗寒性较强。全区主要生产绿茶，有炒青、烘青、晒青等。名茶有六安瓜片、信阳毛尖、紫阳毛尖等，香气鲜爽，滋味醇厚。

本区处于北亚热带北缘，与其他各区比较，气温低，积温少。大多数地区年均气温在 15.5℃ 以下，最低气温多年平均在 -10℃ 以下，有时低达 -20℃；年降雨量 700～1000mm，主要集中在夏季。土壤多为黄棕壤，部分黄壤，部分茶区土壤酸碱度略高。本区茶树生长期短，同时由于易受西伯利亚寒流的侵袭，茶树经常受冻减产，土壤条件也不太理想，要发展茶叶生产需采取一定的改造措施，如在茶园四周营造防风林带，加强园地水土保持，增施有机肥料，选用抗寒品种，在背风向阳的酸性和土层深厚的地段发展新茶园等。

第二节　国外茶叶生产概况及主要产茶国

一、国外茶叶生产现状

国外种植的茶树及最初的种植技术都是直接或间接从我国传播出去的。目前，种植区域已发展到五大洲共 59 个国家种茶，其中亚洲和非洲各 21 个，美洲 12 个，大洋洲和欧洲分别为 3 个和 2 个。据国际茶叶委员会（ITC）统计：2020 年，世界茶园面积再创历史新高，达到 509.8 万公顷。纵观 2011～2020 年的 10 年间，世界茶叶种植面积增长了 125.8 万公顷，10 年增幅高达 32.8%，年均复合增长率达 3.2%。

59 个产茶国在五大洲中均有分布，但以亚洲最多，茶园面积和产量均是世界茶园总面积和总产量的 80% 以上；其次是非洲，第三是美洲，第四是大洋洲，欧洲是葡萄牙的亚速尔群岛和俄罗斯生产茶叶。亚速尔群岛位于大西洋上，距欧洲大陆有 1600km，属于葡萄牙；俄罗斯的产茶区域位于亚洲。所以，欧洲大陆实际上不生产茶叶。根据茶叶生产分布和气候等条件，世界茶区可分为东亚、东南亚、南亚、西亚、非洲和南美 6 个。

2020 年度全球茶叶种植面积超 10 万公顷的国家有 6 个。其中，中国面积最大，为 316.5 万公顷，同比增长 3.3%，占全球总面积的 62.1%；印度居第二，茶叶种植面积保持在 63.7 万公顷，占全球总面积 12.5%；茶叶种植面积排名 3 到 6 位的国家依次是：肯尼亚，茶叶种植面积为 26.9 万公顷；斯里兰卡，茶叶种植面积为 20.3 万公顷；越南，茶叶种植面积为 13.0 万公顷；印度尼西亚，茶叶种植面积为 11.4 万公顷。

2020 年，在中国和肯尼亚茶叶产量增长的带动下，全球茶叶总产量保持增长态势。2020 年世界茶叶产量达到 626.9 万吨，较 2019 年增长 1.9%，增速为近 5 年最低。2011 ～ 2020 年的 10 年间，世界茶叶总产量增长了 168 万吨，10 年增幅达 36.6%，年均复合增长率为 3.5%。

分国家看，2020 年度全球排在第一位和第二位的产茶国仍是中国和印度，茶叶产量分别为 298.6 万吨和 125.8 万吨，两国茶产量合计达 424.4 万吨，占到世界茶叶总产量的 67.7%。产量排在第 3 到 10 位的依次是：肯尼亚，茶叶产量为 57.0 万吨；土耳其，茶叶产量为 28.0 万吨；斯里兰卡，茶叶产量为 27.80 万吨；越南，茶叶产量为 18.6 万吨；印度尼西亚，茶叶产量为 12.6 万吨；孟加拉国，茶叶产量为 8.6 万吨；阿根廷，茶叶产量为 7.3 万吨；日本，茶叶产量为 7.0 万吨。在产量位居前 10 的国家中，除肯尼亚、中国、土耳其实现了正增长，其余国家均出现了不同幅度的减产，印度与孟加拉国的茶产量降幅均超过了 10%。

受全球经济持续低迷、国际贸易与物流严重受阻的影响，2020 年度世界茶叶出口量呈现下滑态势，年度茶叶出口总量为 182.2 万吨，比 2019 年减少了 7.05 万吨，降幅为 3.7%，是近 10 年来首次最大幅度的下滑。

2020 年，出口量超过 1 万吨的茶叶生产国和地区数量为 14 个；依次是肯尼亚、中国、斯里兰卡、印度、越南、阿根廷、乌干达、印度尼西亚、马拉维、卢旺达、坦桑尼亚、尼泊尔、津巴布韦、布隆迪。茶叶出口量排在第一位的仍是肯尼亚，出口量为 51.9 万吨，在全球茶叶出口总量中的占比为 28.5%；其次是中国，出口量为 34.9 万吨，在全球茶叶出口总量中的占比为 19.1%，第三是斯里兰卡，出口量为 26.3 万吨，占比为 14.4%。第 4 到 10 位依次是印度，出口量为 20.4 万吨；越南，出口量为 13.0 万吨；阿根廷，出口量为 6.6 万吨；乌干达，出口量为 5.7 万吨；印尼，出口量为 4.5 万吨；马拉维，出口量为 4.3 万吨；卢旺达，出口量为 3.1 万吨。在出口量位居前 10 的国家和地区中，肯尼亚、乌干达、印度尼西亚、马拉维、卢旺达这 5 个国家在 2020 年实现了茶叶出口量的正增长，其中，马拉维的茶叶出口量增幅甚至高达 30.1%；而中国、斯里兰卡、印度、越南、阿根廷等国的茶叶出口量均比上一年有所减少。

二、主要产茶国介绍

1.印度

印度茶叶产量在 2014 年为 118.48 万吨，仅次于中国位居世界第二。印度茶叶局表示印度的茶叶生产在 2016～2017 财政年度达到了 125 万吨，比去年同期增长了 1.41%。茶叶产量在 2017～2018 财政年度为 132.5 万吨，到了 2018～2019 财政年度达到了 135 万 t，而在 2019 年 1～10 月约为 118 万吨。印度的茶叶出口额在 2016～2017 财政年度为 7.3125 亿美元，在 2017～2018 财政年度达到 8.3373 亿美元，在 2018～2019 财政年度略降至 8.3090 亿美元，而在 2019 年 4～10 月为 4.7467 亿美元。在茶叶出口方面，印度仅次于肯尼亚、中国和斯里兰卡位居世界第四位。

印度共有 22 个邦产茶，分南、北茶区。南印度茶园面积为 11.97 万公顷，年生产量为 24.1 万吨，分别占茶园总面积和茶叶总产量的 20.7% 和 24.4%；主产区为喀拉拉和泰米尔纳都邦，茶园主要位于海拔 1000～3000m 的高山上，年均最高气温 24℃，最低温度 16℃，年均降水量达 4000mm，具有典型的热带气候特征。北印度茶园面积为 45.87 公顷，茶叶产量为 74.74 万吨；主产区是阿萨姆邦、西孟加拉邦、大吉岭和康格拉（Kangra）。其中阿萨姆邦的面积和产量占 50% 以上，但茶叶品质以海拔高达 2000m 的大吉岭最优。北印度夏季温高湿润，冬季干燥寒冷，平均最高气温为 31～32.6℃，平均最低气温为 4.9～10.6℃。年降雨量在 2372～2995mm。

2.斯里兰卡

斯里兰卡是世界上对茶叶生产最重视的国家。茶叶在斯里兰卡国民经济和出口创汇中占有非常重要的地位。茶叶是最大的农作物，茶叶出口创汇占全国外汇收入的 14%，共有 100 万人口直接或间接从事茶产业。2003 年以前，斯里兰卡一直是世界茶业出口强国，生产的茶叶 95% 出口到国际市场上，但从 2004 年起被肯尼亚超过。

斯里兰卡以生产传统条红为主，占 90% 以上，其次是 CTC 红碎茶，绿茶很少，仅为 3000t 左右。茶叶产区按海拔高度不同，常分为高地（海拔 1200m 以上）、中地（海拔 600～1200m）和低地（海拔 600m 以下）茶园。由于土地资源及生产条件的限制，高地茶园的面积和产量比重近年来逐渐缩小，而低地茶园面积和产量比重逐渐扩大。按茶叶生产规模又分为种植场和个体茶农，分别占茶园总面积的 58% 和 42%，茶叶产量的比例分别为 40% 和 60%。近 10 年来，由于国有茶场私有化和对个体茶农在政策上的鼓励，个体茶农的种植面积明显增加，单产不断提高。

斯里兰卡近年来茶叶产量和出口量持续上升，其重要原因是斯里兰卡对茶叶品质的重视，从种植到加工，该国都有一系列规程，并严格执行。斯里兰卡茶业局在世界各地的推广和宣传，为斯里兰卡红茶树立了良好的形象，斯里兰卡红茶已被认为是世界上品质最好的红茶。

斯里兰卡内销市场也不断扩大，目前的人均消费量是一年 1 ～ 3kg。

3.肯尼亚

肯尼亚是非洲新兴的产茶国，是世界第一出口大国。肯尼亚对茶叶生产也十分重视，茶产业在该国国民经济中的地位甚至高于斯里兰卡。茶叶产值占国内生产总值（GDP）的 4%，茶叶出口创汇占全国外汇收入的 27%。全国约有 400 万人口（占全国总人口的 10%）依赖茶叶产业生活。

肯尼亚的出口量高于生产量，主要是由于部分茶叶由附近产茶国生产调配到肯尼亚引起的。肯尼亚全部生产红茶，其中 CTC 红茶占 96%，肯尼亚红碎茶具有浓、强、鲜的特点，品质较高，但价格不高，深受广大消费者的欢迎。

肯尼亚茶园主要分布在赤道附近东非大裂谷两侧的高原丘陵地带，海拔1500m 以上。种植的茶树多为阿萨姆大叶种，几乎全部都是良种。茶叶平均单产达 2106kg/hm^2，是主要产茶国中最高的。

4.越南

越南茶叶种植面积达 12.3 万公顷，平均产量每公顷近 9500kg。鲜茶尖产量达 102 万吨。越南茶叶出口位居世界第五，茶叶生产位居世界第七。越南茶叶产品已出口到世界 74 个国家和地区，主要出口市场为巴基斯坦、中国、俄罗斯和印度尼西亚。其中中国市场占越南茶叶出口量的 12% ～ 15%。

越南茶叶产品日益丰富多样，确保质量和满足国内外消费者的需求。目前，越南茶叶品种有 170 余种，香味特别，口感醇厚，颇受消费者的青睐，如绿茶、乌龙茶、香茶、草药茶等。因国际市场对产品的要求日益严格，各茶区已按照有机生产方向开展茶叶生产，为保护茶农和消费者的健康，走向绿色农业和实现可持续发展做出贡献。

5.土耳其

根据国际茶叶委员会统计，土耳其2018年茶叶产量约占全世界总产量的4.27%。根据土耳其里泽商品交易所统计，2020年土耳其生产了144.50万吨茶叶。土耳其生产的茶，以红茶为主，大多数产自黑海东部沿海的里泽省（总产量的65%），其次是阿尔特温（Artvin）省（总产量的21%）和特拉布宗省（Trabzon）(总产量的11%)。

土耳其东北部是茶园所在地，那里属于季风性湿润气候，与中国南部相似，但是冬季气温在0℃以下。这里的气候非常适合种植茶树：凉爽湿润，降水丰富，山脉绵延，最重要的是冬天的积雪覆盖。正是由于积雪在冬季覆盖了茶树林，并在春季用融化的雪水滋养了土壤，才给茶叶带来稳定的风味，即使长时间泡煮，茶水的味道也是温和的，不会变苦。而茶水的颜色是独特的天然琥珀色。而且，由于气温较低，病虫害少，这里的茶叶在种植过程中不使用任何农药。

6.印度尼西亚

据FAO在2020年的数据显示：印度尼西亚（下文简称：印尼）是世界第八茶叶生产国。印尼茶树起源中国，于1684年引入。1828年荷兰人将茶树发展为印尼主要农作物，20世纪初，印尼茶叶出口欧洲。虽然目前的茶叶出口大国是肯尼亚、斯里兰卡、印度等国，并且印尼茶叶在国际贸易中被归类在香料的一部分，但是印尼茶叶的身影多出现于新式茶饮市场，因此少有人知。

印度尼西亚茶园常常按所有制划分为国营茶场、私有种植场和个体农户3类。印尼茶叶种植主要以庄园形式的农作物公司和小农茶农为主，农作物公司指的是在经济或商业用地上从事农作物种植的公司，此种形式必须要持有印尼农业部颁发的农作物经营许可证；而小农茶农则是以家庭为单位。从种植面积上看，小农户占比45.44%，其次是国有企业（34.49%）和私营企业（20.07%）。2016～2020年，印尼茶叶种植面积连年下降。其中私营企业年均下降5.22%，小农户年均下降0.58%，反倒是国有企业年均增长4.31%，但仍然挡不住下降的趋势。

印度尼西亚生产的茶叶种类较多，以红茶为主，占茶叶总产量的75%；其次是绿茶，约占25%；另外，还生产少量乌龙茶和白茶。生产的红茶90%左右是传统红茶，CTC红碎茶只占10%。绿茶以炒青眉茶和珠茶为主，以及少量的蒸青茶，几乎没有名优茶。

印度尼西亚茶园主要位于西爪哇省和苏门答腊，其中西爪哇省占茶园总面积的 80% 以上。茶树主要种植于海拔 300～1800m 的山区。土壤包括火山灰土和砖红壤，但极大多数是由火山灰或火山岩发育而成，十分肥沃，土壤有机质含量很少低于 3% 的，高的达 8% 以上，且深厚疏松，为茶树生长创造了良好的土壤条件。尽管靠近赤道，但由于地处山区，气候条件也十分有利于茶树的生长。

7.阿根廷

阿根廷也是茶叶生产发展最快的国家之一。阿根廷主要茶叶生产区集中在阿根廷东北部靠近巴拉圭和巴西之间的地区。茶园多由农民家庭自己经营，大部分属于小规模经营，平均在 3hm² 左右。

阿根廷生产的茶叶大部分用于出口，国内消费只占 15%。阿根廷最主要的茶叶出口国为美国，占出口总量的 70%，出口茶叶主要用于美国生产冰茶冲剂和茶饮料供应。除此之外，阿根廷生产的茶叶还出口智利、英国、德国、波兰、俄罗斯等 40 多个国家和地区。叙利亚是阿根廷马黛茶的第一大进口国，其次是巴西和智利。

虽然国内消费数量小，但茶在阿根廷仍有一定的消费市场。在阿根廷人眼中，饮品消费排行是咖啡、马黛茶、袋装茶。在当地语言中"马黛茶"就是"仙草""天赐神茶"的意思，是南美洲最普遍的茶饮。阿根廷的产量最多，是马黛茶的主要生产国。在阿根廷被奉为"国宝""国茶"。

阿根廷人很喜欢马黛茶的滋味，这种马黛茶的味道很苦，外国人很难接受这种苦味。但是，阿根廷人祖祖辈辈饮用这种茶，不但早已习惯了这种苦味，还觉得这样的苦茶能够提神、爽口，越喝越觉得有味道，越爱喝。因此，饮用马黛茶成为他们日常生活的一个组成部分。

8.日本

日本是种茶历史仅次于中国的国家，始于唐顺宗永贞年间（公元 805年）。当时，日本僧人最常来我国浙江学佛，从浙江天台国清寺携回茶籽种植于日本的贺滋县，此后传到日本的中部和南部。近年来，由于土地有限，种茶成本较高，日本茶园面积和产量呈缓慢下降的趋势。目前，日本是世界第九大茶叶生产国。

2011 年茶叶产区分布于日本南半部，年平均气温 13℃，年降雨量在

1500mm 以上，静冈为茶叶主产区，面积 2.3 万公顷，年产量 4 万多吨。日本对普及茶树良种极为重视，全国良种茶园已达到 80% 以上，以薮北种居多。日本的茶叶管理和机械化水平较高，平均单产为 1733kg/hm^2。为提高茶叶单产，改善茶叶品质，广泛采用茶树蓬面覆盖，施肥量也较高，但为了减少因施肥过量对环境造成的影响，已将过去的"高氮栽培"改为目前的"合理栽培"。

三、茶叶的主要品种及功效

我国虽然茶叶种类繁多，但按照加工工艺和产品特征进行分类，可分为绿茶、红茶、青茶（乌龙茶）、黄茶、黑茶和白茶六大茶类。

（一）绿茶及其主要功效

我国是世界上的绿茶主产国，绿茶也是我国产量最多的茶类，全国所有茶区均有生产。其加工的工艺特点是首道工序对鲜叶采用高温杀青，使加工叶保持绿色，形成绿茶特征。绿茶的主要品质特点是干茶色泽绿润，冲泡后清汤绿叶。所有绿茶的加工，除摊青工序外，均有杀青、揉捻和干燥三大工序。

绿茶为不发酵茶。绿茶按加工方法不同有炒青绿茶、烘青绿茶和名优绿茶等。

绿茶被誉为"国饮"。现代科学大量研究证实，茶叶确实含有与人体健康密切相关的生化成分，茶叶不仅具有提神清心、清热解暑、消食化痰、去腻减肥、清心除烦、解毒醒酒、生津止渴、降火明目、止痢除湿等药理作用，还对现代疾病，如辐射病、心脑血管病、癌症等有一定的药理功效。茶叶具有药理作用的主要成分是茶多酚、咖啡因、脂多糖、茶氨酸等。具体作用有：

1.抗衰老

茶多酚具有很强的抗氧化性和生理活性，是人体自由基的清除剂。研究证明 1mg 茶多酚清除对人肌体有害的过量自由基的效能相当于 9μg 超氧化物歧化酶，大大高于其他同类物质。茶多酚有阻断脂质过氧化反应，清除活性酶的作用。据日本奥田拓勇试验结果，证实茶多酚的抗衰老效果要比维生素 E 强 18 倍。

2.抑疾病

茶多酚对人体脂肪代谢有着重要作用。人体的胆固醇、三酸甘油酯等含量高，血管内壁脂肪沉积，血管平滑肌细胞增生后形成动脉粥样化斑块等心血管疾病。茶多酚，尤其是茶多酚中的儿茶素 ECG 和 EGC 及其氧化产物茶黄素等，有助于使这种斑状增生受到抑制，使形成血凝黏度增强的纤维蛋白原降低，凝血变清，从而抑制动脉粥样硬化。

3.抗致癌

茶多酚可以阻断亚硝酸铵等多种致癌物质在体内合成，并具有直接杀伤癌细胞和提高肌体免疫能力的功效。据有关资料显示，茶叶中的茶多酚，对胃癌、肠癌等多种癌症具有预防和辅助治疗的作用。

4.抗病毒菌

茶多酚有较强的收敛作用，对病原菌、病毒有明显的抑制和杀灭作用，对消炎止泻有明显效果。我国有不少医疗单位应用茶叶制剂治疗急性和慢性痢疾、阿米巴痢疾、流感，治愈率达 90% 左右。

5.美容护肤

茶多酚是水溶性物质，用它洗脸能清除面部的油腻，收敛毛孔，具有消毒、灭菌、抗皮肤老化，减少日光中的紫外线辐射对皮肤的损伤等功效。

6.醒脑提神

茶叶中的咖啡因能促使人体中枢神经兴奋，增强大脑皮层的兴奋过程，起到提神益思、清心的效果。对于缓解偏头痛也有一定的功效。

7.利尿解乏

茶叶中的咖啡因可刺激肾脏，促使尿液迅速排出体外，提高肾脏的滤出率，减少有害物质在肾脏中的滞留时间。咖啡因还可排除尿液中的过量乳酸，有助于使人体尽快消除疲劳。

8.缓解疲劳

绿茶中含强效的抗氧化剂以及维生素 C，不但可以清除体内的自由基，还能分泌出对抗紧张压力的荷尔蒙。绿茶中所含的少量的咖啡因可以刺激中枢神经、振奋精神。也正因为如此，我们推荐在上午饮用绿茶，以免影响睡眠。

9.护齿明目

茶叶中含氟量较高，每 100g 干茶中含氟量为 10 ～ 15mg，且 80% 为水溶性成分。若每人每天饮茶叶 10g，则可吸收水溶性氟 1 ～ 1.5mg，而且茶叶是碱性饮料，可抑制人体钙质的减少，这对预防龋齿、护齿、坚齿，都是有益的。在小学生中进行"饮后茶疗漱口"试验，龋齿率可降低 80%。在白内障患者中有饮茶习惯的占 28.6%；无饮茶习惯的则占 71.4%。这是因为茶叶中的维生素 C 等成分，能降低眼睛晶体混浊度，经常饮茶，对减少眼疾、护眼明目均有积极的作用。

10.降脂

唐代《本草拾遗》中对茶的功效有"久食令人瘦"的记载。我国边疆少数民族有"不可一日无茶"之说。因为茶叶有助消化和降低脂肪的重要功效，用当今时尚语言说，就是有助于"减肥"。这是由于茶叶中的咖啡因能提高胃液的分泌量，可以帮助消化。另外，绿茶中含有丰富的儿茶素，有助于减少腹部脂肪。

11.其他

中国科研团队发现，绿茶中的一种天然小分子可以成为细胞的"操纵手"，让某种定制的细胞"听话"，从而定时、定量释放治疗药物。研究团队近日发表在美国《科学·转化医学》杂志上的论文说，他们利用绿茶的次级代谢产物原儿茶酸，设计合成了一种转基因表达控制系统，这个系统像"开关"一样可受原儿茶酸的调控。研究人员将这个控制系统安装在人源细胞中，并在细胞中编码了某种特定的基因片段，这些基因片段可在原儿茶酸的调控下生成并释放胰岛素等药物。当这类细胞植入人体后，人们有望只需饮用定制的浓缩绿茶即可给药。

研究人员还结合了基因编辑技术，使绿茶作为基因编辑的调控开关，去操控基因的表达和编辑。研究证实，这套控制系统还可以进行复杂的逻辑运算，未来有望运用在生物计算机中。

（二）红茶及其主要功效

红茶是世界上消费量最多的茶类，占世界茶叶消费总量的 75% 以上。红茶制作的工艺特点是加工时不像绿茶那样首先对鲜叶杀青，而是进行萎凋，然后进行揉捻（切）、发酵，使加工叶变红，从而形成红茶的风格。

红茶的品质特征是干茶色泽乌黑油润，冲泡后红汤红叶。所有类型红茶的加工，均有萎凋、揉捻（切）、发酵和干燥四大工序。

红茶是全发酵茶。按加工方法不同有小种红茶、工夫红茶和碎红茶等。

红茶可以帮助胃肠消化、促进食欲，可利尿、消除水肿，并强壮心脏功能。红茶中"富含的黄酮类化合物能消除自由基，具有抗酸化作用，降低心肌梗死的发病率。中医认为，茶也分寒热，例如绿茶属苦寒，适合夏天喝（要看个人体质），用于消暑；红茶、普洱茶偏温，较适合冬天饮用。至于乌龙茶、铁观音等则较为中性。

红茶能辅助血糖调节，但仍无确切的定论。在冬天胃容易不舒服，冰瓜果吃太多感到不适的人，可以红茶酌加黑糖、生姜片，趁温热慢慢饮用，有养胃功效，身体会比较舒服，但不建议喝冰红茶。

1.提神消疲

红茶中的咖啡因通过刺激大脑皮质来兴奋神经中枢，促成提神、思考力集中，进而使思维反应更加敏锐，记忆力增强；它也对血管系统和心脏具兴奋作用，强化心搏，从而加快血液循环以利新陈代谢，同时又促进发汗和利尿，由此双管齐下加速排泄乳酸（使肌肉感觉疲劳的物质）及其他体内老废物质，达到消除疲劳的效果。

2.生津清热

夏天饮红茶能止渴消暑，是因为茶中的多酚类、糖类、氨基酸、果胶等与口涎产生化学反应，且刺激唾液分泌，导致口腔觉得滋润，并且产生清凉感；同时咖啡因控制下视丘的体温中枢，调节体温，它也刺激肾脏以促进热量和污物的排泄，维持体内的生理平衡。

3.利尿

在红茶中的咖啡因和芳香物质联合作用下，增加肾脏的血流量，提高肾小球过滤率，扩张肾微血管，并抑制肾小管对水的再吸收，于是促成尿量增加。如此有利于排除体内的乳酸、尿酸（与痛风有关）、过多的盐分（与高血压有关）、有害物等，以及缓和心脏病或肾炎造成的水肿。

4.消炎杀菌

红茶中的多酚类化合物具有消炎的效果，再经由实验发现，儿茶素类能与单细胞的细菌结合，使蛋白质凝固沉淀，藉此抑制和消灭病原菌。所以细菌性痢疾及食物中毒患者喝红茶颇有益，民间也常用浓茶涂伤口、褥疮和香港脚。

5.解毒

红茶中的茶多碱能吸附重金属和生物碱，并沉淀分解，这对饮水和食品受到工业污染的现代人而言，不啻是一项福音。

6.强壮骨骼

饮用红茶的人骨骼强壮，红茶中的多酚类（绿茶中也有）有抑制破坏骨细胞物质的活力。为了防治女性常见骨质疏松症，建议每天服用一小杯红茶，坚持数年效果明显。如在红茶中加上柠檬，强壮骨骼，效果更强，在红茶中也可加上各种水果，能起协同作用。

7.抗衰老

绿茶和红茶中的抗氧化剂可以彻底破坏癌细胞中化学物质的传播路径。有学者认为："红茶与绿茶的功效大致相当，但是红茶的抗氧化剂比绿茶复杂得多，尤其是对心脏更是有益。"美国杂志报道，红茶抗衰老效果强于大蒜头、西蓝花和胡萝卜等。

8.养胃护胃

人在没吃饭的时候饮用绿茶会感到胃部不舒服，这是因为茶叶中所含的重要物质——茶多酚具有收敛性，对胃有一定的刺激作用，在空腹的情况下刺激性更强。而红茶就不一样了，它是经过发酵烘制而成的，红茶不仅不会伤胃，反而能够养胃。经常饮用加糖、加牛奶的红茶，能消炎、保护胃黏膜，对治疗溃疡也有一定效果。

9.舒张血管

美国医学界一项研究与红茶有关。研究发现，心脏病患者每天喝4杯红茶，血管舒张度可以从6%增加到10%。常人在受刺激后，则舒张度会增加13%。

（三）青茶

青茶习惯上被称作乌龙茶，是我国特有的茶类，系采用较粗大鲜叶原料、精湛加工技艺加工出的茶类。其加工工艺特征有一特殊"做青"（摇青与晾青）工序，使加工叶叶缘变红，还有一道"杀青"工序，使加工叶中间部分保持绿色，最终形成外形条索粗壮、成茶"香气馥郁芬芳"、叶底"绿叶红镶边"的品质特征。当然还有一种发酵相对较轻的乌龙茶，边缘红镶边虽不见，但馥郁芬芳的品质特征亦然。乌龙茶是一种介于红、绿茶之间的茶类，属半发酵茶。按产地不同有闽南乌龙茶、闽北乌龙茶、广东乌龙茶和台湾乌龙茶等。

1.改善听力

乌龙茶具有养颜、排毒、利便、抗化活性，消除细胞中的活性氧分子等功效。中老年人经常喝乌龙茶有助于保持听力。对男性听力的保护作用明显大于女性。虽然喝乌龙茶对听力有保健作用，但也不能饮之过量。一天喝茶的量以1～2杯为宜。

2.减肥功效

乌龙茶具有溶解脂肪的减肥效果。因为茶中的主成分——单宁酸，与脂肪的代谢有密切的关系。乌龙茶可以降低血液中的胆固醇含量。乌龙茶同红茶及绿茶相比，除了能够刺激胰脏脂肪分解酵素的活性，减少糖类和脂肪类食物被吸收以外，还能够加速身体的产热量增加，促进脂肪燃烧，减少腹部脂肪的堆积。

3.药疗价值

乌龙茶作为中国特种名茶，除了与一般茶叶一样具有提神益思、消除疲劳、生津利尿、解热防暑、杀菌消炎、祛寒解酒、解毒防病、消食去腻、减肥健美等保健功能外，还突出表现在防癌症、降血脂、抗衰老等特殊功效：

（1）防癌症：1998年，中国预防医学科学院营养与食品卫生研究所毒理和化学研究室副研究员韩驰和她的助手徐勇进行了茶叶在动物体内的抑癌试验。他们分别给大白鼠喂安溪铁观音等5种茶，同时给予喂人工合成的纯度大于99.8%的致癌物甲基卡基亚硝胺。3个月后，大白鼠食道癌发生率为42%～67%，患癌鼠平均瘤数为2.2～3个。而未饮茶的大白鼠食道癌发病率为90%，患癌鼠平均瘤数为5.2个，5种茶叶的抑癌效果为安溪铁观音最佳。与此同时，他们还进行了另一种试验，即用亚硝酸钠和甲基卡胶作致癌前体物，结果发现，饮茶组的大白鼠无一发生食道癌，未饮茶组发生率为100%。这一结果证明，茶叶可全部阻断亚硝胺的体内内源性的形成。

（2）降血脂：乌龙茶有防止和减轻血中脂质在主动脉粥样硬化作用。饮用乌龙茶还可以降低血液黏稠度，防止红细胞集聚，改善血液高凝状态，增加血液流动性，改善微循环。体外血栓形成试验结果也表明乌龙茶有抑制血栓形成的作用。

（3）抗衰老：乌龙茶和维生素E一样有抗衰老功效。在每日内服足量维生素C的情况下，饮用乌龙茶可以使血中维生素C含量维持较高水平，尿中维生素C排出量减少，而维生素C具有抗衰老作用。因此，饮用乌龙茶可以从多方面增强人体抗衰老能力。

（四）白茶

白茶是我国的特产，产于福建福鼎、政和等地。用福鼎大白茶品种茶树采下的表面满披白色茸毛的鲜叶加工而成。加工工艺特征是不炒不揉，仅用晒干或烘干方式加工而成。白茶的品质特征是茶条毫色银白，"绿装素裹"，汤色黄亮较浅。属轻微发酵茶类。主要花色有白毫银针、白牡丹和寿眉。应注意，在浙江有一种安吉白茶，实际上是采用一种春季萌发的白色芽叶，而使用绿茶加工工艺方式加工出的茶叶，属于绿茶类型。

白茶的药效性能很好。具有解酒醒酒、清热润肺、平肝益血、消炎解毒、降压减脂、消除疲劳等功效，尤其针对烟酒过度、油腻过多、肝火过旺引起的身体不适、消化功能障碍等症状，具有独特、灵妙的保健作用。

1.治麻疹

白茶防癌、抗癌、防暑、解毒、治牙痛，尤其是陈年的白茶可用作麻疹患儿的退热药，其退热效果比抗生素更好。在中国华北及福建产地被广泛视为治疗、养护麻疹患者的良药。故清代名人周亮工在《闽小记》中载："白毫银针，产太姥山鸿雪洞，其性寒，功同犀角，是治麻疹之圣药。"

2.促进血糖平衡

白茶中除了含有其他茶叶固有的营养成分外，还含有人体所必需的活性酶，长期饮用白茶可以显著提高体内脂酶活性，促进脂肪分解代谢，有效控制胰岛素分泌量，分解体内血液多余的糖分，促进血糖平衡。白茶含多种氨基酸，其性寒凉，具有退热祛暑解毒之功。

3.明目

白茶存放时间越长，其药用价值更高。白茶中还含有丰富的维生素A原，它被人体吸收后，能迅速转化为维生素A，维生素A能合成视紫红质，能使眼睛在暗光下看东西更清楚，可预防夜盲症与干眼病。同时白茶还有防辐射物质，对人体的造血机能有显著的保护作用，能减少电视辐射的危害。

4.保肝护肝

白茶片富含的二氢杨梅素等黄酮类天然物质可以保护肝脏，加速乙醇代谢产物乙醛迅速分解，变成无毒物质，降低对肝细胞的损害。另一方面，二氢杨梅素能够改善肝细胞损伤引起的血清乳酸脱氢酶活力增加，抑制肝性M

细胞胶原纤维的形成，从而起到保肝护肝的作用，大幅度降低乙醇对肝脏的损伤，使肝脏正常状态迅速得到恢复。同时，二氢杨梅素起效迅速，并且作用持久，是保肝护肝、解酒醒酒的良品。

（五）黄茶

黄茶的加工工艺特征是除按绿茶加工工艺过程进行加工外，尚有一道"闷黄"的工序。所形成的品质特征是冲泡后"黄叶黄汤"，属轻发酵茶类。产于安徽、湖南、四川、浙江、广东、湖北等地。

根据所用鲜叶原料的嫩度不同，成茶可分为黄芽茶（如君山银针）、黄小茶（如霍山黄芽）和黄大茶（如霍山黄大茶）。

黄茶具有提神醒脑、消除疲劳、消食化滞等作用，具体如下。

（1）黄茶是沤茶，在沤的过程中会产生大量的消化酶，对脾胃最有好处，消化不良、食欲不振、懒动肥胖者都可饮而化之。

（2）纳米黄茶能更好发挥黄茶原茶的功能，纳米黄茶更能穿入脂肪细胞，使脂肪细胞在消化酶的作用下恢复代谢功能，将脂肪化除。

（3）黄茶茶根可用来按摩二扇门穴，能使微量元素透入穴位，增强穴位磁场产生调节作用，增加脂肪代谢。

（4）黄茶中富含茶多酚、氨基酸、可溶糖、维生素等营养物质，对防治食道癌有明显功效。

（5）此外，黄茶鲜叶中的天然物质保留有85%以上，而这些物质对防癌、抗癌、杀菌、消炎均有特殊效果，为其他茶叶所不及。

（六）黑茶

黑茶是一种原料和外形粗老的茶类，主产于湖南、湖北、广西、云南等地。加工工艺特征是在加工过程中有一道"渥堆"的工序，堆积发酵（微生物酶促和湿热作用）时间较长，成品茶色呈油黑或黑褐色。品质特征为色泽褐黑，粗老气味较重。黑茶通常作为再加工茶紧压茶的原料，是一种后期重发酵的茶类。

按产地不同可分为湖南黑茶、湖北老青茶、四川黑茶和滇桂黑茶等。具体功效如下。

（1）在发酵茶中糖苷酶、蛋白酶和水解酶的作用下，形成相对长度较短的糖链和肽链，短肽链更易被吸收，而且生物活性更强，所以黑茶的降糖功效远远高过于其他茶类。

（2）使血管壁松弛，增加血管的有效直径，通过血管舒张使血压下降。

（3）可以促进脂肪燃烧。

（4）可以清理肠胃，促进体内代谢废物及时排出。

（5）有清除人体中损害健康细胞的自由基的作用。

（6）有促进细胞新生、延缓衰老的作用。

（7）帮助调节脂肪代谢。

（8）对肉毒芽杆菌、肠类杆菌、金黄色葡萄球菌、荚膜杆菌、蜡样芽孢杆菌有明显的抗菌作用。

（9）既能协助利尿，又有助于醒酒，解除酒毒。

（10）有效抑制因为咖啡因引起的兴奋，并且给人舒畅、松弛的感觉。

第三节　本产业存在的问题及发展趋势

一、发展茶产业的意义

茶产业是一项民生产业。发展茶产业，不仅能满足广大消费者对健康饮料的需要，而且能提高生产者的生活水平，茶产业在农业产业结构调整、高效农业建设和提高农民致富方面发挥着重要作用。在中国，茶叶不仅是一种饮料，更是一种文化。茶产业的发展在物质和精神文明建设中均占有一席之地。

（一）提供生活必需品

茶叶是人民群众的生活必需品。茶树具有较高的利用价值，采收的芽叶可以作为饮料，茶叶中提取的许多内含成分又可作为药物，茶籽可提取茶油和茶皂素等，所以茶树是一种能综合利用的经济作物。茶树的芽叶可以加工成绿茶、红茶、青茶、白茶、黄茶和黑茶六大茶类，这些茶叶又可再加工成花茶、砖茶、沱茶等，真可谓花色品种繁多，是人们喜爱的饮料。茶树的种子，一般含油量在30%左右，压榨得到的茶籽油，是质量上乘的食用植物油，其不饱和脂肪酸含量高达 80%；茶籽中含有约 10% 的茶皂素，具有很强的表面活性和一定的溶血作用，是一种用途十分广泛的工业原料，可用作洗理香波、石蜡乳化剂、混凝土起泡剂、农药湿润剂和对虾养殖的清塘剂等。茶叶的很多内含成分，如茶多酚、咖啡因等是很好的天然药物；茶树的根和皮，也可制成药品和工业用品。

（二）促进消费者健康

茶叶具有良好的保健和药理作用。"神农尝百草，日遇七十二毒，得茶（茶）而解之"，茶能"止渴、消食、除痰、少眠、利尿、明目、益思、除烦、去腻，人故不可一日无茶"，分别是东汉时期《神农本草经》和明代顾元庆在《茶谱》中的记述，这是茶叶保健和药理作用的生动描述，也说明我国人民很早就将茶叶的这种功能加以利用了。现代科学研究表明，茶叶中不仅含有人体所需的氨基酸、矿物质和维生素，而且还含有茶多酚、咖啡因、多糖等对人体具有良好药理作用的物质。例如，茶叶中的咖啡因，适量饮用，可以兴奋中枢神经，使人精神振奋，注意力集中，思维敏捷，还有强身利尿、帮助消化等功能。又如，茶多酚具有增强心肌和血管壁弹性，降低血清纤维蛋白的作用，可作为防治动脉粥样硬化的药物。随着近代医学科学的发展，茶叶的营养价值和药理作用将不断为人们所揭示。

（三）提高茶农收入

茶叶种植能产生明显的经济效益。茶叶是我国的重要的经济作物，在农业产业结构调整、发展高效农业、增加地方财政收入和改善人民生活水平方面起着十分重要的作用。据统计，我国的茶叶产值为 954 亿元，茶叶的平均产值和经济效益高于农作物和柑橘等经济作物，是丘陵山区农业的优势产业，在某些乡镇，茶叶产值占农业总产值的 30%，有的甚至高达 60% ～ 80%。我国约有 2000 万茶农，从事茶叶生产、加工、贸易及相关产业的人更多，茶产业的发展对于提高这部分人的生活水平，促进国民经济发展具有十分重要的作用。

（四）促进文化交流

茶叶是一种商品，更是一种文化。茶叶具有深厚的文化底蕴。茶艺表演、茶馆、休闲茶庄等以茶为主题的第三产业发展，不仅为广大人民群众提供了一种愉悦身心的休闲场所、相互联系的桥梁和纽带，更丰富了人们的精神和文化生活。茶叶是我国传统的出口创汇产品，在国际上有很高的声誉，我国茶叶每年销往100多个国家和地区，为世界人民所喜爱。"以茶会友""以茶传情"，茶叶已成为国内外人们交往不可或缺的饮料和礼物。

二、我国茶产业面临的主要问题

我国茶产业的发展虽然取得了举世瞩目的成就，已成为名副其实的产茶大国，但与优质、高效、安全、生态和可持续发展的目标相比，与日本、斯里兰卡等茶产业强国相比，我国茶产业无论在种植领域，还是加工和营销领域均还存在不少问题。

在茶树种植领域，首先是生态保护意识薄弱。由于绝大多数茶园是以茶叶为唯一经济作物的专业化茶园，生态环境较差，茶园生物多样性减少、病虫危害加剧的趋势明显。由于生态保护意识薄弱，茶园水土流失、土壤质量下降等问题严重，如云南临沧有些茶园由于管理不善，在短短15年内，流失的表土达30cm左右，不仅严重影响了茶树的生长发育，而且已影响茶叶生产的可持续发展，甚至影响子孙后代对这片土地的高效利用。可见，生态茶园建设迫在眉睫。

其次，茶园面积增长过快，资源利用率低。只采春茶，不采夏秋茶，或只采名优茶，不采大宗茶的现象比比皆是，导致大量的夏秋茶资源浪费。因此，稳定面积，提高单产和经济效益是当前我国茶产业必须解决的问题。

再次，茶园作业机械化水平低与劳动力紧缺矛盾突出。由于劳动力紧缺，劳动力成本不断提高，短期看，导致茶资源利用率下降；但从长期看，对茶园机械化水平提出了更高的要求，名优茶机械化采摘以及机械化耕作、施肥和病虫防治是当前茶树种植领域亟须解决的问题。

另外，面积和产量的增长与效益的提升不平衡，导致我国茶叶单产和资源利用率显著低于日本、印度、斯里兰卡、肯尼亚等产茶国。

我国约有2000万茶农，茶场和农户的规模小，茶园管理的随意性较强，这些都严重影响了标准化、规模化生产和茶树种植技术水平的提高。

在茶叶加工方面，家庭作坊式小规模、低标准加工到处可见；即使是较大的企业，在清洁化、标准化、规模化和连续自动化生产方面还存在不少问题。名优茶生产与茶资源高效利用、名优茶高档奢侈与大众化消费、茶叶产品多样化与茶叶质量标准化等方面存在着诸多矛盾。另外，日本深加工茶叶的比重是 40%，我国不足 10%，随着茶叶产量的不断增加，深加工产品的开发，延长产业链，提高茶叶附加值也是当前茶产业持续健康发展必须解决的挑战。

在茶叶营销方面，生产者得小利甚至亏本，流通领域或营销者得暴利的现象愈发明显。另外，国际市场与国内市场发展速度不平衡、茶叶品类繁多与知名品牌缺乏，茶叶过度包装（或裸装）、天价营销（或低价竞争），茶叶企业融资难与效益降低等问题也严重影响着茶叶生产的持续健康发展。生产的高度分散和过小的企业规模使茶叶企业组织化、社会化程度低，限制了企业的技术创新能力和市场营销实力。

三、我国茶产业发展趋势

（一）茶树种植从数量型向质量效益型转变

任何产品都有一定的市场容量，无序大规模发展的结果肯定是该产业的崩溃。过去 10 多年来，我国茶园面积的快速增长已导致茶资源利用率显著降低，只采春茶、不采夏秋茶，只采名优茶、不采大宗茶，其实是茶叶供过于求的一种体现。如果茶园面积继续无限制大幅增加，毁茶或茶园荒芜、无人管理的现象不可避免。因此，稳定茶园面积，增进茶叶品质，提高单位面积产量和效益是茶树种植领域的必然趋势。

（二）茶叶生产向优质、安全、高效、生态方向发展

茶叶作为一种健康饮料，清洁、安全、优质是基础，而高效、生态是产业持续发展的前提。搞好茶园基本建设，合理规划，搞好区块、道路网、排灌系统、行道树、防风林的设置，进一步发展和推广无性系良种，改造低产、低效茶园，采用机械化采摘与耕作，病虫高效生态防控技术，测土配方施肥技术，定期使用白云石粉保持土壤养分平衡，强调水土保持等茶园生态改善技术，以及倒春寒和季节性干旱应对技术。

在茶叶加工领域，进一步提升机械装备水平，开展清洁化、连续化、智

能化茶叶加工，不断优化茶叶产品结构，提高茶叶品牌知名度。

在大力改善茶园和工厂的硬件设施的同时，积极提高管理水平，如建立必要的生产技术规程、产品准入准出制度、档案记录和产品质量追溯体系，并严格遵照执行。另外，更多的茶园会采用良好农业规范（GAP），向绿色、有机茶方向发展。

（三）茶叶经营更加规模化、标准化和组织化

规模化、标准化和组织化程度的高低是衡量一个产业或一家企业的重要指标。规模、标准和组织化程度高的企业不仅管理水平高，生产成本低，具有较好的经济效益，而且还有较强的科技创新能力，同时，通过创建著名品牌，创办连锁店，在国内外市场有较强的竞争力。目前，我国茶叶企业的生产规模是世界上所有产茶国中最小的，仅为其他主要产茶国的几百分之一甚至几千分之一，这是导致我国茶叶生产成本相对较高，总体科技水平不高，茶叶标准化、组织化程度低的重要原因。随着我国产业结构调整和市场化进程的加快，茶叶企业通过发展，或转承包、兼并等形式，规模将会不断扩大，标准化和组织化程度必将进一步提高。

（四）拓展深加工产品，茶叶产业链进一步延长

茶叶的保健作用通过产品的形式得到进一步体现。这不仅包括茶饮料、速溶茶、茶粉、茶叶保健品（如茶多酚胶囊、茶黄素胶囊等），还包括大量的茶食品和茶叶在日化工业中的应用。茶食品是将茶粉或茶多酚直接添加到蛋糕、面包、挂面、饼干、奶冻、冰淇淋、速冻汤圆、雪糕、酸奶、糖果、巧克力、瓜子和月饼等食品中，或直接将茶叶做成菜，如龙井虾仁等，利用茶叶的功能，改善食品的风味和保健效果。茶叶在日化工作中的应用则更为广泛，茶粉或茶叶中的成分不仅应用在牙膏、肥皂、洗发香波、沐浴露、洗面奶、护肤霜、面膜、香水、防晒霜中，而且用在纺织品，如袜子、衬衫、毛巾、手帕以及被单等床上用品中，另外，茶叶还可用于除臭剂和空气清洁剂中。这些产品的开发，不仅充分发挥了茶的保健功效，增加茶资源利用率，更提高了茶叶附加值，延长了茶产业链。

（五）科技进步与茶文化发展比翼双飞

科技进步和茶文化建设是茶产业的两只翅膀，缺一不可。历史事实证明，茶叶产量和品质的提高，新产品的开发均有赖于科技进步，而市场开拓则依靠文化的发展。因此，应加强科技创新，解决茶叶生产、加工、产品开发方面存在的科技问题，降低生产成本，努力提高茶叶经济效益。同时，大力颂扬茶文化，推进茶文化的"四进"活动，即进学校、进企业、进社区、进机关；宣传喝茶健康、喝健康茶和健康喝茶，倡导"茶为国饮"，提倡中国人"节俭、淡泊、朴素、廉洁"或"和、敬、信、廉"的茶人价值观，进一步弘扬和发展茶文化。涉茶企业和组织，如产、供、销，科研、教育和推广等部门的组织、协调和联系将更加频繁有序，使我国茶产业持续、健康地向前发展。

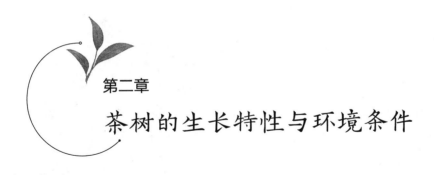

第二章

茶树的生长特性与环境条件

茶树的生长发育，与其他作物一样，既受本身的生育特性所支配，依一定的规律进行、发生、发展，同时，也受外界环境条件的影响。了解、掌握茶树生育的基本规律，认识环境对茶树生育的影响程度，能有效地指导人们在生产活动过程中，按规律办事，利用合理的生产措施、改善茶树的生育条件，使茶树的生育朝着人们所要求的方向发展。

第一节　茶叶的生育特性

一、茶树的形态特征

茶树的地上部分由茎、叶、花、果和种子组成，又称树冠；地下部分由长短、粗细、色泽不同的茶根组成，又称根系；联结地上部和地下部的交界处，称为根颈。

1.根

种子繁殖的茶树，根系是由主根、侧根和须根所组成（图2-1），它们都是从最初的胚根发育而成的。扦插、压条繁殖的茶树，根系由营养器官的分生组织分化而成，主根一般不明显，只有侧根和须根。主根很粗，垂直向下，可伸入土层1m多。侧根着生在主根上，横向生长，多数分布在60cm以内的土层里。主根和侧根呈棕灰色或红棕色，寿命长，其主要作用是固定茶树，并将须根从土壤吸收来的水分和养分输送到地上部，同时，还贮藏地上部合成的有机养分，以供生长需要。须根，又称吸收根，呈白色透明状，其上着生根毛，主要用来吸收土壤中的水分与养分。另外，根系也能合成部分有机物质。

2.茎

茶树的茎由树干和枝条组成，它是由最初的胚茎生长发育而成的。

茎主要由韧皮部、木质部和髓组成。其主要功能是将根部吸收来的水分和养分，通过木质部输送到枝叶；同时，将叶片光合作用合成的有机物质，通过韧皮部输送到根部贮藏起来；髓又是贮藏养分的重要场所。

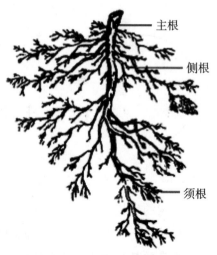

图2-1 茶树根系形态示意图

茶树按照茎部分枝习性，可分为乔木型、半乔木型和灌木型。乔木型茶树植株高大，主干明显，分枝从主干上抽出，多为野生。半乔木型茶树植株较高，虽有明显主干，但分枝部位离地面较近，多分布在热带茶区。我国东南茶区皖、浙、湘等地绝大部分为灌木型茶树，植株比较矮小，没有明显主干，骨干枝大部分自靠近地面的根颈部长出来，呈丛生状态。

茶树通过枝叶向上和四周扩展，获得阳光雨露和空气。枝条的绿色部分，还能进行光合作用，制造有机物质。

3.芽

芽是枝、叶、花的原始体。位于枝条顶端的芽称为顶芽，着生在枝条叶腋间的芽称为腋芽。顶芽和腋芽，统称为定芽。此外，还有生长在树干茎部的不定芽，又称潜伏芽。它在树干发生之初就存在，只是由于树干的粗壮而隐伏在树皮内处于休眠状态罢了，但仍然保持着生命力，一旦将其上部枝干砍去（如修剪、台刈等），潜伏芽就能萌发生长成新的枝条。

芽的大小、形状、色泽以及茸毛的多少，变异较大，它与茶树品种、栽培管理、环境条件都有密切关系。芽大、量重、茸毛多、叶色有光，是茶树生长旺盛、品质优良的重要标志之一。

4.叶

叶是茶树重要的营养器官，茶树生长发育需要的有机物质和能量，主要是靠叶片进行光合作用形成的。所以，人们又称叶片是茶树养分的"加工厂"。同时，叶又是茶树进行蒸腾作用和呼吸作用的重要器官。茶树依靠这种蒸腾作用来散发树体因阳光照射而积累的热量，并通过蒸腾促使根系吸收更多的水分和养料。茶树也需要通过呼吸与外面交换氧气与二氧化碳，进行正常光合作用。可见叶片在茶树生活中处于十分重要的地位。另一方面，人们种茶主要是为了采收幼嫩的芽叶制造成品茶。因此，处理好采叶和留叶的关系更为重要。

茶树叶片互生，有锯齿、短柄和叶脉。侧脉多为 8 ～ 12 对，沿主脉分出侧脉，侧脉至叶缘 2/3 处向上弯曲，呈弧形与上方支脉相连，这是茶树的特征之一。

5.花果

花、果是茶树的生殖器官。花芽着生在叶腋间，有 1 ～ 4 个，与茶芽共生（图 2-2）。茶花为向性花，开花较多，白色或淡黄色，少数为粉红色，主要靠昆虫授粉，结实率不高，一般不到 3%。根据这一特性，人们常采用自然杂交和人工授粉的方法选育优良品种。

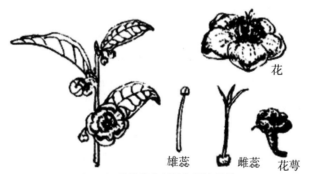

图2-2　茶花着生部位与形态结构

茶果为前果，有 3 ～ 4 室，每室 1 ～ 2 粒种子，呈球形或半球形，少数呈肾形。茶籽成熟后，果皮裂开，种子脱落。种子呈黑褐色，略带光泽，富有弹性。内部子叶饱满，这是种子生命力强的特征。

二、茶树的生命周期

茶树从生到死的整个生命周期，长达百年以上。一般有经济价值的种植年限为 50 年左右，有的虽年满百岁，仍能获得一定产量。

茶树的一生，是在一定的环境条件下，根据自身的遗传特性，循序渐进的。不论是种子繁殖的，还是扦插繁殖的，在它的生长发育过程中，大致上可分为幼年期、成年期和衰老期3个阶段。

1.幼年期

从茶苗出土或扦插成活开始到茶树基本定型投产为止，称为茶树的幼年期。在一般栽培管理条件下，需经4～5年时间。

幼年期茶树的生育特点是，可塑性强，营养生长旺盛。这一时期是茶树生长发育的基础阶段，培育的好坏，直接影响到以后茶叶的产量和品质。幼年期茶苗首先利用子叶中贮存的养分生长，称为自养阶段。待茶苗出土，绿色叶片形成后，就开始利用叶片进行光合作用，获得一部分有机物质，这时，茶树从自养阶段进入双重营养阶段。这一时期的主要农业技术措施，是要保持土壤疏松，使茶籽萌发获得充分的空气和水分，创造茶苗良好的扎根发芽条件。其次是精心护理，清除杂草，以利刚出土的嫩苗抗御不良环境的影响，保证全苗、壮苗。茶苗顶芽第一次生长休止后，开始进入营养阶段。这时，茶树开始作为一个独立的个体生活。经过3年左右时间，开始现蕾开花，它标志着茶树生长又进入一个新阶段。但直到茶树个体基本定型为止，总的说仍然以营养生长为主。这一阶段，是为茶树生长发育奠定基础的阶段。如果让其自然生长，主干生长占明显的优势，分枝稀，树形高，芽头少，采摘面零乱，不但产量低，而且管理也不方便。只有经过精心培养，系统地定型修剪，养好第一、二级骨干枝，再结合打头养蓬，逐步扩大树冠，增加发芽密度，才能养成广阔而健壮的丰产树形。

2.成年期

从树体基本定型投产到茶树第一次自然更新为止，称为茶树的成年期。我国多数茶区茶树的成年期一般为20～30年。成年期茶树的生育特点是生育旺盛，营养生长和生殖生长都达到盛期。这时树冠已相对稳定，在良好的土壤条件下，根系分布的深度与广度已超过地上部的高度与幅度，茶叶和茶籽的产量和品质都达到最高峰，是茶树一生中最有经济价值的时期，这一时期的主要农业技术措施，是在着重抓好肥、水、采的同时，配合其他综合栽培管理技术，尽量延长这一时期的年限。

3.衰老期

从茶树出现第一次自然更新到最后衰老死亡为止，称为茶树的衰老期，是茶树生命活动中延续时间最长的一个时期。

衰老期茶树的生育特点是，育芽能力渐趋衰退，树冠分枝开始减少，根颈出现自然更新现象，逐步以徒长枝代替衰老枝。地下部吸收根减少，细小的侧根开始死亡，茶叶产量和品质逐渐下降，唯有开花仍然较多，但结实率较低。这一时期的主要农业技术措施，是在加强肥培管理的同时，根据茶树生长情况，分别采用深修剪、重修剪、台刈或抽刈等方法，促发新的枝条，使茶树重新形成树冠，"返老还童"，使茶叶产量和品质回升。根据茶树生长情况，隔一定年限重新复壮一次，可使茶叶产量和品质呈波浪式前进。但人工栽培的茶树，经过一定年限以后，虽然离茶树自然衰亡还有相当年限，但仅靠人为措施维持其生长，所获经济效益很低。一般应采取果断措施，换种改植或更新重植，重建"茶园"。

三、茶树生长的年变化

茶树除了一生的规律性变化外，每年还随着环境条件的周期性变化，进行萌芽发枝、开花结实等生命活动。这种变化称为茶树的年变化。

（1）根系活动。在年周期内，茶树根系的活动，除受气候、土壤的影响外，还与树体内养分积累的多少有关。所以在不同的时期内，根系的生长势有强有弱，生长量有多有少。但根系的生长总是与地上部新梢的生长交错进行。据在杭州地区测定，春季日平均气温达到7℃以上，茶树依靠上年积累的养分，在3月初到4月上旬有一次发根高峰；4月中旬到5月底，春茶新梢进入旺盛生长期，根系生长比较缓慢；6月初到7月初，由于春茶叶片光合作用制造的有机物质不断输送到根部，根系生育又有所增强；8月初到9月初，随着秋梢的生长，根系生长又有所减弱；10月中旬到11月底，茶树地上部开始进入休眠状态，光合作用所制造的有机物质在根部有较多的积累，而此时的气温和地温仍适合根系的生长，是根系全年的生长旺期；12月初到翌年2月底，由于天气严寒，地上部停止生长，地下部的生长也很微弱。但各地气候条件、土壤种类和茶树品种不同，一年内根系活动状况是有差异的。掌握茶树根系活动规律，是制订茶园耕作、施肥计划的主要依据之一。

（2）新梢生长。一般说来，当日平均气温达到10℃以上数天后，茶芽就开始萌动生长，逐步长成新梢（图2-3）。其顺序是：芽体膨胀—鳞片开展—

鱼叶（奶叶）开展—真叶开展驻芽形成。

新梢如不加采摘，则驻芽经过短期休止后，继续生长。

图2-3　茶树新梢萌发生长示意图

这样能重复生长2～3次。如经采摘，留下的小桩顶端的1～2个腋芽，又可各自萌发成新梢。这样在栽培条件下，每年可萌发4～5次。茶树新梢多次萌发的特点，对茶叶生产有重要意义。每次萌发情况略有差异：春梢萌发比较整齐、旺盛，因为茶树在越冬期积累了较多的养分，又加上多数茶区春季雨水充沛，所以，一旦气温适宜，春梢就很快开始生长；夏秋季虽然气温较高，但茶树体内养分相对不足，旱季又受到温湿条件的限制，这些都有碍新梢的正常生长；入冬以后，气温限制了新梢的生长，进入休眠。在我国多数茶区新梢的生育期为6～8个月。

（3）花果的发育。大多数花芽是每年6月在春梢叶腋间陆续分化而成的，所以春茶后期留叶，往往开花结果较多。花芽经过花蕾形成，在10～11月份为开花盛期。然后经过一系列的发育，直到翌年霜降前后，果实成熟。从花芽分化到种子成熟，前后需时15～16个月。所以，在一个年周期内，从6月到11月，在同一茶树上，既能看到当年的花、蕾，又能看到上年的果实，这就是茶树的"带子怀胎"现象，在热带地区更为突出，这也是茶树的重要特征之一。

第二节　茶树生长的气候条件

在适宜的环境条件下，茶树生长旺盛，不然长势就差，或不能生长。因此，各地在进行茶叶生产时，要注意生产环境的改善，可在小面积上创造条件，满足茶树生长的要求，这样也能得到较好的生产效果。

一、光照对茶树生育的影响

光是茶树进行光合作用的能源，光质、光照强度和光照时间等能引起大气和土壤的温、湿度变化，从而会对茶树生育产生一系列直接和间接的影响。

茶树是耐阴植物，具有喜光怕晒的特性，对光照强度要求的可塑性很大，在空旷地全光照条件下生育的茶树和在荫蔽条件下生育的茶树，器官形态和生理上有很大的区别。强光照射下的茶树叶形小、叶片厚、节间短、叶质硬脆，生长在林冠下的茶树叶形大、叶片薄、节间长、叶质柔软。

一定条件下，随着光照强度增加，通过光合作用积累的产物也增加，即产量提高。光照超过一定的强度后，光合积累量就不再增加了，甚至会因光照过强，温度高，茶树失水过多，叶片枯萎，受伤害，使茶树处于不利的生长条件下。杭州茶区的夏季，常会出现超过茶树可以忍受的光照强度。世界上不少茶区光照较强，因此，常在茶园内种植遮阴树，调节光照强度，以利于茶树生长。目前各地种植遮阴树已不仅仅是调节光照强度，还包含有通过种植遮阴树以改善茶园光质，从而改善茶叶品质的目的。茶园内外适当种上防护林、行道树、遮阴树，或间作些经济林树种，使单一的茶园平面生产模式成了立体种植模式，改变了单一种植一种作物的情况，提高了光能的利用率，增加了单位面积上的收益。有研究认为，遮阴后新梢中精氨酸、咖啡碱和茶氨酸合成量增加，从而有利于茶叶品质的提高。在满足茶树光照要求的条件下，适当降低光照强度，茶叶中氮化合物明显提高，碳水化合物（茶多酚，还原糖等）相对减少，有利于碳氮比的降低，对提高绿茶品质有利。

山区茶园由于受山体、林木的遮蔽，日照时数比平地茶园少，尤其是生长在谷地和阴坡的茶树，春茶期间每天至少要少 1 ～ 2h 日照，加上山区多云雾等妨碍日射的因子，实照时数更少。日照时数长短影响温度高低，从而影响茶芽萌发，日照时数对春茶早期产量有一定影响，越冬芽的萌发时间常与日照时数呈正相关，即日照时间越长，春茶萌芽期越早。

二、温度对茶树生育的影响

茶树具有喜温怕寒的特性，与其他植物一样，有其生育的最低温度、最高温度和最适温度范围。光照强度的变化会直接影响温度的变化，一切影响光辐射量的因子，也影响温度。

茶树耐最低临界温度品种间的差异很大，一般灌木型中、小叶种茶树品种耐低温能力强，而乔木型大叶种茶树品种耐低温能力弱，茶树生长最低气

温界限一般为 –2 ～ –12℃，有些少数品种可耐更低的低温。

同一品种不同年龄时期耐低温能力不同，幼苗期、幼年期和衰老期的耐低温能力较弱，而成年期耐低温能力较强。低温发生的时间不同，茶树可忍受的程度也有差异，冬季茶树的耐寒能力往往高于早春。

高温对茶树生育的影响和低温一样，处于高温条件下的时间长短决定其受害程度。一般而言，茶树能耐最高温度是 35 ～ 40℃。在自然条件下，日平均气温高于 30 饱，新梢生长就会缓慢或停止，如果气温持续几天超过 35℃，新梢就会枯萎、落叶。无论低温还是高温，如果温度突然升高或降低，往往对茶树的危害性更大。

茶树的最适温度是指茶树生育最旺盛最活跃时的温度，一般认为是 25℃左右。从不同季节看，春季和秋季气温对新梢生育的影响大于夏季。

茶树新梢生育与气温昼夜变化也有关系。春季通常是白天的气温高于夜晚，新梢生长量也是白天大于夜晚；夏秋季的情况恰恰相反，此时日夜气温均能满足茶树生育的要求，而水分成为影响生育的主导因子，所以夜晚的生长量往往大于白天的生长量。高山茶区和北方茶区，由于昼夜温差大，新梢生育较缓慢，但物质积累多，持嫩性强，故其茶叶品质优良。

在一定温度条件下，茶树开始进入休眠，超过一定温度，茶树开始萌动，这一温度界限称为茶芽萌发的起始温度，也称为生物学零度。不同茶树品种茶芽萌发的起始温度有差异，一般认为，茶树的萌发起始温度为日平均气温稳定在 10℃左右。

生产上，为了有利于茶树生育，可以采取某些栽培措施调节地温。如早春在茶园内中耕，能有效提高地温；夏秋季在行间铺草或灌溉，可降低地温；秋季增施有机肥以及提高种植密度均能明显地提高冬季茶园土壤温度；在茶园四周种植防护林也能有效地改善地温、气温和空气湿度状况。

茶树的生物学最低温度为 10℃，其全年至少需要 ≥ 10℃ 的活动积温 3000 饱。中国茶区年活动积温大多在 4000℃ 以上。浙江茶区除高山外，活动积温在 5200 ～ 5800℃。春茶采摘前，≥ 10℃ 的积温愈高，则春茶开采期愈早，产量愈高。

茶树某一生育期的具体日期，在不同年份存在明显差异，但某一生育期所要求的有效积温则相对较稳定。据研究，春季的杭州茶区，从茶芽萌动到 1 芽 3 叶需要 ≥ 10℃ 的有效积温为 110 ～ 124℃。有效积温能比较确切地反映茶树开采期对热量的要求，因此，结合物候观测和当地气象部门中长期天气预报，可以进行采摘期的预测。对于活动积温低于3000℃的茶区，应当注意冬季防冻。

三、水分对茶树生育的影响

水分既是茶树的重要组成部分，也是茶树生育过程不可缺少的生态因子。茶树光合、呼吸等生理活动的进行，营养物质的吸收和运输，都必须有水分的参与。水分不足或水分过多，都会不利于茶树生育。茶树吸收利用的水分主要来自降水和空气湿度。

适宜栽培茶树的地区，年降水量应在1000mm以上，茶树生长期间的月降水量要求大于100mm，如连续几个月降水量小于50mm，而且又未采取人工灌溉措施，茶叶生产就会受影响。最适宜的栽培茶树年降水量为1500mm左右。

我国大部分茶区的年降水量在1200～1800mm之间，年降水量最少的茶区是山东半岛的茶区，只有600mm，而年降水量多的四川峨眉山可达到7600mm左右。我国长江中下游茶区，因为常有"伏旱"或"夹秋旱"发生，因此，夏秋季的降雨量直接影响夏秋茶的产量。不同降雨强度对茶树生育影响不同，小雨（小于10mm/d，或2.5mm/d）、中雨（10.0～25.0mm/d，或2.6～8.0mm/h）对茶树生育有利，大雨（25.1～50.0mm/d，或8.1～16.0mm/h）、暴雨（大于50mm/d，或大于16.0mm/h）不利于水分向土壤中渗透，而且易引起表土冲刷，故对茶树生育不利。一些茶区夏秋季雨量虽多，但多暴雨，地表水流失量大，同时，夏秋季气温高，光照强，地表蒸发量与树冠面的蒸腾量大，故水分仍感不足。

降水量过多对茶树生育也不利。如雨量过多，而土壤排水又不良，使土壤水分呈饱和状态，甚至出现积水，从而严重影响茶树根系生育，致使茶树受湿害。

茶树生育过程中对空气湿度的要求，通常以相对湿度来表示。空气湿度能影响土壤水分的蒸发，也相对地降低了茶树的蒸腾作用，从而减少水分的消耗。

在茶树生长活跃期，空气相对湿度以80%～90%为宜，若小于50%，新梢生长受抑制；40%以下时，则将受害。提高空气相对湿度对茶树生长是有利的。空气相对湿度大，茶叶的产量品质都较好。如黄山毛峰、庐山云雾、狮峰龙井、君山银针、洞庭碧螺春等名优茶的产区，除了其他方面的优越条件外，多由于山高云雾缭绕，空气湿度大，或近江河湖泽，水气交融，茶叶品质佳。

除了上述光、热、水等主要气象因子外，风、冰雹和大雪等因子对茶树生育也有一定的影响。纬度、海拔、坡向、坡度、地形、地势等也都能影响茶树的生育，这些因子对茶树生育的影响，主要是通过对前面所讨论的光照、温度、水分等气象因子的影响，从而综合地影响茶树生育和茶叶的品质，明代罗廪所撰中《茶解》中指出："茶地南向为佳，向阴者遂劣，故一山之中，美恶相悬。"我国名茶大多产于高山大川，所谓"高山出好茶"主要指在一定的海拔高度上，其气象因子有利于形成优良品质。

第三节　茶树生长的土壤条件

土壤条件对茶树生育的影响，主要包括了土壤的物理条件、化学条件，以及生物在土壤中的活动。这些土壤条件的变化，都会直接或间接地影响茶树的生育。

一、适宜茶树生长的土壤物理条件

适宜茶树生长的土壤应该是土壤疏松、土层深厚、排水良好的砾质、沙质壤土。凡砂岩、页岩、花岗岩、片麻岩和千枚岩风化物所形成的土壤，都适宜种茶，这些土壤的通气、透水性能好。含硅多的石英砂岩与花岗岩等成土母质，能形成适合茶树生长的沙砾土壤，而在沙砾土壤上生长的茶树根发生量多，所产茶叶品质好。由千枚岩、页岩风化的土壤养分含量丰富。而由玄武岩、石灰岩与石灰质砂岩、钙质页岩等岩石发育的土壤，因游离碳酸钙或酸碱度偏高，对茶树生长不利。

茶树具喜肥耐瘠的特性，要求生活在土层深厚肥沃的土壤上。土层深度在 1m 以上，有机质丰富（1.5% 以上），底土无黏土层或硬盘层，排水良好，团粒结构较好的土壤有利于茶树生育。如果底土有黏土层或硬盘层，或者地下水位高，都对茶树生长不利。种植在瘠薄的土壤上的茶树也能生长，但产量低，品质也差。土层浅薄，茶树根系不能充分伸展，土壤受地面光、温、湿的影响大，调节能力弱，茶树生长矮小；排水不良或地下水位高，使得茶树根系较长时间处于缺氧状态下生长，呼吸不良，根系受毒害，新梢萌发力弱，严重时植株死亡。

土壤容重是反映土壤疏松程度的一个重要物理条件。低容重土壤上根系分布均匀，数量多；高容重土壤上根系短、密度小。土壤紧实度适宜的情况下，土壤微生物数量和酶活性明显增加，随土壤容重的变小，土壤中好气性微生物数量增加，利于土壤养分的转化与吸收。土壤容重越大，土层就越紧实，透气、透水、保水、保肥性能都较差，所产茶叶品质也差。表土层是茶树吸收根的主要分布层，与茶树生长关系十分密切。该土层疏松、透气、透水、保肥性良好，所产茶叶品质佳。

茶园土壤的质地与茶园土壤的水分状况有密切的关系。沙性土壤通透性及排水性良好，但蓄积水分的能力差；黏性土壤蓄水性好，而通透性及排水性较差。调查表明，当土壤相对含水量为 70% ～ 90% 时，根系在土壤中分布范围最广，根系总量和吸收根的重量最大，是适宜茶树生育的土壤水分含量；低于田间持水量 45% 时，茶树会受旱害；降至田间持水量的 30% 时，茶树会枯死；超过田间持水量上限达 100% 时，茶树发生湿害。在茶树适宜生长的供水范围内，土壤水分越多，则溶解的养分越多，土壤肥力就高。选择作为种植茶树的茶园地下水必须在 1m 深度以下，否则，茶树长大后，根系不能很好生长，茶树也自然长不好。

二、适宜茶树生长的土壤化学条件

土壤化学条件对茶树生育影响较大的是土壤酸度和土壤养分。

茶树有喜酸少钙的特性，种植茶树的土壤要求有一定的酸碱度范围，适宜植茶的土壤 pH 值大致都在 4.0 ～ 5.5 之间。土壤中氧化钙含量不超过0.5%，以低于 0.05% 为合适。茶树在碱性土或石灰性土壤中不能生长或生长不良。土壤中氧化钙含量与土壤 pH 有密切关系，pH 愈高，氧化钙含量愈高。

施肥对土壤 pH 影响明显，尤其是生理酸性肥料，如硫铵等。其影响的大小与施肥量、施用时期的长短，以及配合其他肥料情况有关。连续施用生理酸性化学氮肥时间越长，pH 下降越多。施肥中配施猪粪可使 pH 下降较少。深耕可以缓和土壤酸化进程。当茶园土壤 pH 过低，在 3.5 以下时，可考虑施用少量石灰，以调节茶园土壤 pH。

茶园土壤的有机质含量对土壤的物理与化学条件都有极大的影响，它是茶园土壤熟化度和肥力的指标之一。高产优质的茶园土壤有机质含量要求达到 2.0% 以上。土壤有机质含量高，则土壤容重就小，孔隙率增大，通气性好，养分丰富。茶园土壤中除了有机质以外，还会有大量的矿质元素如：钾、钠、钙、镁、铁、磷、铝、锰、锌、钼等。这些元素大多呈束缚态存在于土壤矿物和有机质中，经过风化作用和有机质的分解而矿质化，缓慢地变成茶树可利用形态，或呈溶解态被吸附于土壤胶体或团粒上。这些元素含量，直接或间接地影响茶园土壤的化学条件，也影响茶树生育和茶叶品质。

第三章

种植准备

第一节 茶园规划

根据建园的目标、茶树自身的生育规律及所需的环境条件，做好园地选择和茶园规划工作，是茶园建设的重要基础。

一、园地选择

茶树是多年生常绿植物，一次栽种多年受益，有效经济年限可持续40～50年，管理好的茶园可维持更长年限。茶树的生长发育与外界条件密切相关，不断改善和满足它对外界条件的需要，能有效地促进茶树的生长发育，达到早成园和高产、优质的栽培目的，为此，建园时必须重视园地的选择。

（一）我国植茶的生态条件适宜区域

研究表明，根据茶树对气候生态条件的要求，我国秦岭、淮河以南大约260万 km^2 的地区是适合茶树经济栽培的。其中又可分为最适宜区和适宜区。

（1）最适宜区。秦岭以南，元江、澜沧江中下游的丘陵或山地。行政区域包括滇西南、滇南、桂中南、广东、海南、闽南和台湾，适宜于乔木型大叶类茶树品种的种植。

（2）适宜区。长江以南、四川盆地周围以及雅鲁藏布江下游和察隅河流域的丘陵和山地。行政区域包括苏南、皖南、浙江、江西、湖南、闽东、闽西、闽北、鄂南、贵州、川中、川南、川东、藏东南等，适宜于小乔木、灌木型中小叶类茶树品种的种植。

在适宜区域内，由于地形、地貌、植被、水文条件的差异，气候和土壤均不相同；即使在相同的气候和土壤条件下，由于生产者的素质和社会经济条件的差异，也会影响茶园建设的成功与否。因此，对园地的选择，特别是生产绿色产品和有机产品，要严格进行环境的调查和检测。

（二）园地的选择条件

园地应该选在上述茶树生长的最适宜区或适宜区范围。但同一地区，地形上存在差异，不同的地形、地势条件对微域气候及土壤状况都有一定的影响。一般山高风大的西北向坡地或深谷低地，冷空气聚积的地方发展茶园，易遭受冻害，而南坡高山茶园则往往易受旱害。

茶园选择以环境条件作为重要依据，同时，应充分考虑茶园对园地的坡度有一定要求。一般地势不高，坡度25°以下的山坡或丘陵地都可种茶，尤其以10°～20°坡地因起伏较小最为理想，土壤的 pH 值为 4.0～5.5。

除上述气候条件、土壤条件及地形地势条件作为选择园地时的主要依据外，为使达到能生产绿色产品或有机产品的环境要求，茶园周围至少在5km范围内没有排放有害物质的工厂、矿山等；空气、土壤、水源无污染，与一般生产茶园、大田作物、居民生活区的距离在1km以上，且有隔离带。此外，亦应考虑水源、交通、劳动力、制茶用燃料、可开辟的有机肥源以及畜禽的饲养等。

二、园地规划

目前的茶场大多数以专业化茶场为主，为了保持良好的生态环境和适应生产发展的要求，茶场除了茶园以外，还应该具有绿化区、茶叶加工区和生活区；在有机茶园建设中，为了保证良好的有机肥来源，可以规划一定面积的养殖区。不同功能区块的布置都应在园地规划时加以考虑。

（一）功能区块用地规划

$10hm^2$ 以上规模的茶场，在茶场整体规划时，可参考以下用地比例方案。

（1）茶园用地 70%～80%。

（2）场（厂）生活用房及畜牧点用地 3%～6%。

（3）蔬菜、饲料、果树等经济作物用地 5% ～ 10%。

（4）道路、水利设施（不包括园内小水沟和步道）用地 4% ～ 5%。

（5）绿化及其他用地 6% ～ 10%。

（二）建筑物的布局

规模较大的茶场，场部是全场行政和生产管理的指挥部，茶厂和仓库运输量大，与场内外交往频繁，生活区关系职工和家属的生产、生活的方便。故确定地点时，应考虑便于组织生产和行政管理。要有良好的水源和建筑条件，并有发展余地，同时还要能避免互相干扰。

（三）园地规划

首先按照地形条件大致划分基地地块，坡度在 25° 以上的作为林地，或用于建设蓄水池、有机肥无害化处理池等用途；一些土层贫瘠的荒地和碱性强的地块，如原为屋基、坟地、渍水的沟谷地及常有地表径流通过的湿地，不适宜种茶，可划为绿肥基地；一些低洼的凹地划为水池。在宜茶地块里不一定把所有的宜茶地都开垦为茶园，应按地形条件和原植被状况，有选择地保留一部分面积不等的、植被种类不同的林地，以维持生物多样性的良好生态环境。安排种茶的地块，要按照地形划分成大小不等的作业区，一般以 0.3 ～ 1.3hm^2 为宜，在规划时要把茶厂的位置定好，茶厂要安排在几个作业区的中心，且交通方便的地方。

在规划好植茶地块后，就进行道路系统、排灌系统以及防护林和行道树的设置。

（四）道路系统的设置

为了便于农用物资及鲜叶的运输和管理，方便机械作业，要在茶园设立主干道和次干道，并相互连接成网。主干道直接与茶厂或公路相连，可供汽车或拖拉机通行，路面宽 8 ～ 10m；面积小的茶场可不设主干道。次干道是联系区内各地块的交通要道，宽 4 ～ 5m，能行驶拖拉机和汽车等。步道或园道有效路面宽 1.5 ～ 2.0m，主要为方便机械操作而留，同时也兼有地块区分的作用，一般茶行长度不超过 50m，茶园小区面积不超过 0.67hm^2。

（1）主干道。60hm^2 以上的茶场要设主干道，作为全场的交通要道。贯穿场内各作业单位，并与附近的国家公路、铁路或货运码头相衔接。主干道路面宽 8～10m，能供两部汽车来往行驶，纵坡小于 6°（即坡比不超过10%），转弯处曲率半径不小于 15m。小丘陵地的干道应设在山脊。纵坡 16°以上的坡地茶园，干道应呈"S"形。梯级茶园的道路，可采取隔若干梯级和若干行茶树为道路。

（2）次干道（支道）。次干道是机具下地作业和园内小型机具行驶的通道，每隔 300m 设一条，路面宽 4～5m，纵坡小于 8°（即坡比不超过 14%），转弯处曲率半径不小于 10m。有主干道的，应尽量与之垂直相接，并与茶行平行。

（3）步道。步道又称园道，为进园作业与运送肥料、鲜叶等物之用，与主干道、次干道相接，与茶行或梯田长度紧密配合，通常支道每隔 50～80m 设一条，路面宽 1.5～2.0m，纵坡小于 15°（即坡比不超过 27%），能通行手扶拖拉机及板车即可。设在茶园四周的步道称包边路，它还可与园外隔离，起防止水土流失与园外树根等侵害的作用。

（五）水利网的设置

茶园的水利网具有保水、供水和排水 3 个方面的功能。结合规划道路网，把沟、渠、塘、池、库及机埠等水利设施统一安排，要"沟渠相通，渠塘相连，长藤结瓜，成龙配套"，雨多时水有去向，雨少时能及时供水。各项设施完成后，达到小雨、中雨水不出园，大雨、暴雨泥不出沟，需水时又能引堤灌溉。各项设施需有利于茶园机械管理，需适合某些工序自动化的要求。茶园水利网包括以下项目。

（1）渠道。主要作用是引水进园、蓄水防冲及排除渍水等。分干渠与支渠。为扩大茶园受益面积，坡地茶园应尽可能地把干渠抬高或设在山脊。按地形地势可设明渠、暗渠或拱渠，两山之间用渡槽或倒虹吸管连通。渠道应沿茶园干道或支道设置，若按等高线开设的渠道，应有 0.2%～0.5% 比例的落差。

（2）沉沙凼。园内沟道交接处要设置沉沙凼，主要作用是沉集泥沙，防止泥沙堵塞沟渠。同时注意及时清理沉沙凼的泥沙，确保流水畅通。

（3）水库、塘、池。根据茶园面积大小，要有一定的水量贮藏。在茶园范围内开设塘、池（包括粪池）贮水待用，原有水塘应尽量保留，每

2～3hm² 茶园应设 1 个沤粪池或积肥坑，作为常年积肥用。

贮水、输水及提水设备要紧密衔接。水利网设置，不能妨碍茶园耕作管理机具行驶。要考虑现代化灌溉工程设施的要求，具体实施时，可请水利方面的专业技术人员设计。

（六）防护林与遮阴树

（1）林带布置。以抗御自然灾害为主的防护带，须设主、副林带；在挡风面与风向垂直，或成一定角度（不大于 45°）处设主林带，为节省用地，可安排在山脊、山凹；在茶园内沟渠、道路两旁植树作为副林带，二者构成一个护园网。如无灾害性风、寒影响的地方，则在园内主、支沟道两旁，按照一定距离栽树，在园外迎风口上造林，以造成一个园林化的环流。就广大低丘红壤地区的茶园来看，山丘起伏、纵横数里、树木少见、茶苗稀疏，这种环境不符合茶树所要求的生态条件，园林化更有必要。

以防御自然灾害为主的林带树种，可根据各地的自然条件进行选择。目前茶区常用的有杉树、马尾松、黑松、白杨、乌桕、麻栎、皂角、刺槐、梓树、油桐、油茶、樟树、楝树、合欢、黄檀、桑、梨、柿、杏、杨梅、柏、女贞、杜英、樱花、桂花、竹类等。华南尚可栽柠檬桉、香叶桉、大叶桉、小叶桉、木麻黄、木兰、榕树、粉单竹等。作为绿肥用的树种有紫穗槐、山毛豆、胡枝子、牡荆等。

（2）行道树布置。茶场范围内的道路、沟渠两旁及住宅四周，用乔木、灌木树种相间栽植，既美化了环境，又保护了茶树，更提供了肥源。我国历来就有这方面的习惯，如宋代《大观茶论》记载："植茶之地，崖必阳，圃必阴……今圃家皆植木，以资茶之阴。"一般用速生树种，按一定距离栽于主干道、次干道两旁，两乔木树之间，栽几丛能作绿肥的灌木树种。如道路与茶园之间有沟渠相隔的，可以栽苦楝等根系发达的树种。湖南省茶叶研究所选育的绿肥 1 号，产青量大，含氮量高，可栽植于主干道、次干道两旁，也可栽植于沟渠两旁，起双重作用。

（3）遮阴树布置。茶园里栽遮阴树在我国华南部分地区较普遍，如广东高要、鹤山等地的茶园，栽遮阴树有几百年的历史。在热带和临近热带的产茶国家，如印度、斯里兰卡、印度尼西亚等国也有种植。

在遮阴的条件下，对茶树生长发育有一定程度的影响，进而影响茶叶的产量与品质。据印度托克莱茶叶试验站的资料，认为遮阴对茶树生长有以下好处。

①遮阴树能提高茶树的经济产量系数。遮阴区的茶树经济产量系数值为32.8，竹帘遮阴区为31.9，未遮阴区为28.7。由此说明，遮阴树能使相当大的一部分同化物转移到新梢形成上。

②遮阴对成茶品质有良好影响。据审评结果，在50%光照度条件下，茶汤的强度和汤色有明显的改善。

③在一年的最旱季节能保持土壤水分。如种有一定密度的成龄楹树、龙须树的茶园，有助于茶园土壤水分的保持。种有刺桐树遮阴的茶园，全年最干的10月至翌年3月，0～23cm和23～46cm土层中土壤含水量高于未遮阴的茶园。

④遮阴树的落叶，增加了茶园中的有机质含量。按12m² 种1株遮阴树的密度，每公顷的落叶能给土壤增加约5t有机质，相当于每公顷增加77kg氮素。中等密度（50%～60%光密强度）的楹树的枯枝落叶干物质每公顷为1250～2500kg，其营养元素每公顷为氮31.5～63.0kg、磷9～18kg、钾11～22kg、氧化钙16～32kg、氧化镁8～16kg。

⑤遮阴树对茶树叶面干物质重的增加速度有良好的影响；对各季与昼夜土壤温度的变化有缓冲效应，有利于根系与地上部生长。

⑥遮阴树改变小气候，有利于茶树生长。如遮阴树能明显地吸收有害红外辐射光，降低叶温，使茶树在气温高、风速低的气候条件下能进行有效的光合作用。

⑦遮阴树对病虫害的影响有正反两个方面。遮阴条件下，茶饼病和黑腐病发生加重，而蛾类、茶红蜘蛛、茶橙瘿螨等则为害减轻。

根据国内外茶园遮阴树作用的研究，一般认为在夏季叶温达30℃以上的地区，栽遮阴树是必要的，气温较低的地区，没有必要栽遮阴树。其实，以往主要从是否有利于产量的提高和病虫害的防治等方面开展研究，所以有些国家（如南印度、斯里兰卡和印度尼西亚）已经把遮阴树砍去。而南印度在海拔2000m以上的茶区将遮阴树砍去，后来发现导致茶叶品质有所下降，又重新栽上。解决遮阴与产量、品质和抗病虫能力之间的矛盾，关键是遮阴度的掌握。据印度托克莱茶叶试验站资料，遮阴透光为自然光照度的20%～50%时，茶树叶面积能保持稳定；大于50%，叶面积显著下降；在

35%～50%时效果最好。

有关遮阴树种类，不同国家有差异。印度、斯里兰卡等国一般采用楹树、香须树、黄豆树、紫花黄檀、银桦、刺桐树等。

由于我国茶区的地理位置与印度、斯里兰卡有所不同，日照强度也有差异，茶园遮阴的试验结果也不同。云南省的实践证明，在西双版纳，遮光率以40%为宜；广东英德则以30%为好；江南茶区则以7～9月适当遮阴，效果较为理想。

我国各地试验表明，适合的遮阴树种也因地区有差异：西南、华南茶区，早期是用托叶楹、台湾相思、合欢等作为茶园遮阴树，现在多用巴西橡胶、云南樟、桤木（又称水冬瓜树）。江南茶区可用合欢、马尾松、湿地松、泡桐、乌桕等。为了提高茶园生态效益，有些地方在茶园中间种果树作为遮阴树，如西南和华南地区种植荔枝、李等；在江南茶区可种植梨、枇杷、柿、杨梅、板栗等。我国除南方的部分茶区种植遮阴树外，一般茶区茶园内都不布置遮阴树，在茶园四周和行道上种树，有利于改变茶园小气候环境。

第二节　园地开垦

茶树系多年生木本作物，只有根深才能叶茂，才能获得优质高产。我国茶区降水多，且暴雨发生次数多，园地垦辟不当，水土冲刷较为严重。在浙江气候条件下，坡度为5°的幼龄茶园，每年土壤冲刷量为45～60t/hm^2；坡度为20°的幼龄茶园，年土壤冲刷量达150～225t/hm^2。湖南省茶叶研究所测定，长沙地区坡度为7°的常规成年茶园，3月下旬至9月上旬的水土流失量达385.5t/hm^2，其中流走的土壤为16.95t/hm^2。段建真调查了安徽歙县老竹铺茶场坡度28°的茶园，在每分钟降雨0.32mm的情况下，流走的土壤达7.2m/hm^2。据调查，福建省茶园中约有66.1%的茶园受到了不同程度的冲刷。因此，在园地开垦时，必须以水土保持为中心，采取正确的基础设施和农业技术措施。前者如排灌系统的修建，道路与防护林的设置，梯田的建立；后者如土地的开垦、整理、种植方式及种植后的土壤管理等。

一、地面清理

在开垦之前，首先需进行地面清理，对园地内的柴草、树木、乱石、坟堆等进行适当处理。柴草应先刈割并挖除柴根和繁茂的多年生草根；坟堆要迁移，并拆除砌坟堆的砖、石及清除已混有石灰的坟地土壤，以保证植茶后茶树能正常生长。平地及缓坡地如不平整，局部有高墩或低坑，应适当改造，但要注意不能将高墩上的表土全搬走，需采用打垄开垦法，并注意不要打乱土层。

二、陡坡梯级垦辟

在茶园开垦过程中，如遇坡度为 15° ～ 25° 的坡地，地形起伏较大，无法等高种植，可根据地形情况，建立宽幅梯田或窄幅梯田。陡坡地建梯级茶园的主要目的如下。

（1）改造天然地貌，消除或减缓地面坡度。

（2）保水、保土、保肥。

（3）可引水灌溉。

三、梯级茶园的修筑

梯级茶园建设过程中除了对梯级的宽、窄、坡度等有要求处，还应考虑减少工程量，减少表土的损失，重视水土保持。

（1）测定筑坎（梯壁）基线。在山坡的上方选择有代表性的地方作为基点，用步弓或简易三角规测定器测量确定等高基线，然后请有经验的技术人员目测修正，使梯壁筑成后梯面基本等高，宽窄相仿。然后在第一条基线坡度最陡处用与设计梯面等宽的水平竹竿悬挂重锤定出第二条基线的基点，再按前述方法测出第二条的基线……直至主坡最下方。

（2）修筑梯田。包括修筑梯坎和整理梯面。修筑梯坎的次序应该由下向上逐层施工，这样便于达到"心土筑埂，表土回沟"，且施工时容易掌握梯面宽度，但较费工。由上向下修筑，则为表土混合法，使梯田肥力降低，不利于今后茶树生长。同时，也常因经验不足，或在测量不够准确的情况下，又常使梯面宽度达不到标准，但这种方法比较省工，底土翻在表层，又容易风化。两种方法比较，仍以由下向上逐层施工为好。

修筑梯坎的材料有石头、泥土、草砖等几种。采用哪种材料，应该因地制宜、就地取材。修筑方法基本相同，首先以梯壁基线为中心，清去表土，挖至新土，挖成宽50cm左右的斜坡坎基，如用泥土筑梯，先从基脚旁挖坑取土，至梯壁筑到一定高度后，再从本梯内侧取土，直至筑成，边筑边踩边夯，筑成后，要在泥土湿润适度时及时夯实梯壁。

如果用草砖构筑梯壁，可在本梯内挖取草砖。草砖规格是长40cm，宽26～33cm，厚6～10cm。修筑时，将草砖分层顺次倒置于坎基上，上层砖应紧压在下层砖接头上，接头扣紧，如有缺角裂缝，必须填土打紧，做到边砌砖、边修整、边挖土、边填土，依次逐层叠成梯壁。

梯壁修好后，进行梯面平整，先找到开挖点，即不挖不填的地点，以此为依据，取高填低，填土的部分应略高于取土部分，其中特别要注意挖松靠近内侧的底土，挖深60cm以上，施入有机肥以利于靠近基脚部分的茶树生长。梯面内侧必须开挖竹节沟，以利蓄水、保土。

在坡度较小的坡面，按照测定的梯层线，用拖拉机顺向翻耕或挖掘机挖掘，土块一律向外坎翻耕，再以人工略加整理，就成梯级茶园，可节省大量的修梯劳动力。种植茶树时，仍按通用方法挖种植沟。

（3）梯壁养护。梯壁随时受到水蚀等自然因子的影响，故梯级茶园的养护是一件经常性的工作。梯园养护要做到以下几点。

①雨季要经常注意检修水利系统，防止冲刷；每年要有季节性的维护。

②种植护梯植物，如在梯壁上种植紫穗槐、黄花菜、多年生牧草、爬地兰等固土植物。保护梯壁上生长的野生植物，如遇到生长过于繁茂的而影响茶树生长或妨碍茶园管理时，一年可割除1～2次，切忌连泥铲削。

③新建的梯级茶园，由于填土挖土关系，若出现下陷、溃水等情况，应及时修理平整。时间经久，如遇梯面内高外低，结合修理水沟时，将向内泥土加高梯面外沿。

第三节　茶园改造

一、低产茶园的结构调整及土壤改造

（一）茶园的结构调整

茶园在建园时没有进行合理的规划，往往会出现许多弊端。如有的在建园时为了追求茶园规模集中，把一些坡度超过 25° 的陡坡地也开辟成茶园，造成水土严重流失，这种地上即使种上茶树也不能长好，这类茶园在改造时应退茶还林。因此，在进行茶园结构调整时，应就对沟、渠、路、树等的要求，全面地进行考虑，有可能的条件下使之合理。

茶园沟、渠的调整，要做到大雨时园内雨水能排出，小雨能蓄。有些地块原来是集水沟，开辟茶园时被填平，这样的地方表层土是疏松的，但下面有不透水层，下雨后雨水在此处汇集，成了一个看不见的水塘，地下水位较高，当茶树长大后，根系长时间地处在浸水的状态下，不能很好生长，这样的地方，或修筑暗渠，或打破不透水层，使雨水能渗入排出。

有些园地的道路，地块与地块之间行走不方便；有些原来是地方百姓的习惯道，种茶后把原来的习惯道给破除了，这样的地方，常会使人们在已种茶树的园内行走，造成这一地方茶树不能长好，缺株断丛严重；有的则是茶行太长，田间管理时不利于进出，这样的园地道路调整时，应使地块间行走方便。习惯道在不对整体茶园造成不利的情况下能保留；较长的茶行，中间可分设几条操作道，以利管理时进出。

茶园内应尽可能地多种些树木，主要干道两边必须种有行道树，园地的周围也要有一定的林地。园内种植一定量的树木，可有效地改善茶园生态环境，提高茶园内的湿度，改变光质，稳定温度。此外，种有一定的树木，一些鸟类可在树上栖息，可减少一些虫害的发生。进行茶园生产时，劳动的环境改善了，劳动效率也能得到提高。

一些茶园是顺坡种植的，此时，应重新调整种植行，使茶行等高种植，否则，加速园内水土流失。总之，经结构调整，使茶园更利于管理，更利于茶树生长，更利于水土保持，最后达到持续、高效益的生产目的。

（二）土壤改造

茶园改造仅对茶树地上部进行改造是不完整的，这样做不能完全达到恢复树势的目的。有些茶园，茶树生长势差，生产效益下滑，主要原因之一是土壤状况差，不利于茶树生长，因此，在进行树冠改造的同时，要重视对茶树土壤的改造。

改良土壤的目的在于创造良好的土壤条件，使茶树根系得到充分的生长。茶园经过长期的生产活动，已多年未进行深翻改土，表土层也都比较紧实，进行深耕是十分必要的。

成年茶树的树冠枝叶封行，地下根系也布满行间，深耕会损伤根系，影响对树冠养分的供应。剪去茶树的地上部枝叶后，行间开阔，利于深翻改土工作的进行。这时，地上部已被砍去，需要的养分量减少，切断少量的根系，对养分吸收影响也较小。而且，地上枝梢出现衰老，地下远离根颈部的根系也有相同的衰弱现象发生，少量的断根，能刺激根系的重新发生，新生根系生长势旺，吸收能力强，也就能更好地供给地上部新生枝梢所需的养分，"根深叶茂"，茶树生长进入良性的循环。土壤改造可从加深有效土层和提高土壤肥力两方面着手。

1.加深有效土层

加深茶园有效土层可通过深耕改土和加培客土这两种措施来实现。

深耕改土：砍去茶树地上部枝叶后，即可进行行间深耕，深耕深度50cm以上，结合施入大量有机质肥料以改良土壤。茶园底土有不透水层的，需打破此层土壤，使土壤疏松，透气、透水性得到改善，以利根系向深土层生长和土壤水的纵向移动。深翻茶行间土壤时，要打碎土块，平整表土，尽量减少对茶树根颈部周围根系的伤害。通过深耕，提高了茶园土壤的蓄水和通气性，为好气性微生物的活动提供良好的环境，有利于土壤养分的释放和茶树根系的伸展。

加培客土：加培客土与深耕改土一样，同是为了加厚茶园土壤的有效土层，但在有些情况下比深耕效果更好。如一些茶园土层较浅，深耕不仅工作量大，且土壤理化性状不容易改善，此时采用加培客土的方法，把茶园周围可以利用的余土，或结合兴修水利、清理沟道的余土、塘泥土等挑入茶园，可起到较好的效果。

茶园挑培客土，要注意以下几点，一是注意对不同质地的土壤区别对待，最好是在沙性土中培入黏性土、黏性土中培入沙性土；二是碱性土不宜作客土；三是用塘、沟泥培土增肥茶园，要注意挑入的土，是否符合无公害茶园的生产标准，不然将造成对茶园的污染。塘、沟泥挑出来后，最好经过暴晒堆放处理，再挑入茶园。

2.提高土壤肥力

低产茶园土壤多表现为有机质缺乏，氮、磷、钾等养分含量低。改造茶园应在深耕的同时，每 667m² 施入厩肥 2000 ～ 3000kg，或饼肥 200kg，并配施一定量的磷、钾肥，每 667m² 可施入过磷酸钙 20kg、硫酸钾 15kg，加入全年速效氮量的 50%，以提高改造茶园的土壤肥力。这一工作，最好在行间深耕时开沟深埋，利用根系具趋肥性的特点，诱导根系向肥力高的深层和行间伸展。一些体积大的有机肥，要抓紧在这一时期施入，待茶树重新抽生枝梢后，就很难操作。

二、低产茶园换种

茶园换种是最佳经济寿命周期所要求，即种植一定年份后，茶叶产量、品质都下降，生产效益不高，换种的效果优于改造的效果。一些品种不适合名优茶生产的茶园也需换种。茶园换种的方式有改植换种和嫁接换种两种，目前运用较广的是改植换种，嫁接换种还未被广泛应用。

（一）改植换种

1.茶园的改植换种

茶园改植换种有一次性完成，也有分数次完成的两种不同操作形式。一次性完成改植换种是将要换种茶园的老茶树一次全部挖除，然后按新茶园建设的标准重新规划设计，布设道路、水利和防护林系统，进行必要的地形调整，如修建梯田式茶园，全面运用深翻或加客土，施足底肥等改土增肥措施，再按适宜的规格栽种上新的良种茶苗。

由于茶树长期生长在一块土地上，会产生一些不利于幼龄茶树生长发育的障碍因素。一是低产茶园中的有害物质积累。老茶树的根系分泌物和残留老根的分解产物中有影响幼龄茶树生长的成分，在去除老树时，要连根拔除，拾尽残留老根，老茶树的根如不捡净，今后还会长出，影响新种茶苗的生长。同时采取深翻和晒土等措施，减少这些成分对幼苗的影响。二是长期在一定土层下中耕，致使茶园地表以下 30～60cm 的土深处形成不透水的硬盘层，不利于茶树根系的生长，必须通过深耕打破硬盘层，施入大量有机肥，改良其土壤物理性状。

挖掉老茶树后栽种新茶树，改造彻底，但经济效益来得迟，栽后 3 年内基本没有收入，改建投资比其他荒地建茶园投资更大，有些园地结构布置较好的茶园，新老套种是改植换种的另一种形式，采用新老套种方式分数次完成改植换种的工作，这样做可使一次性换种投资成本减少，以老养新。具体做法是：在一块要换种的茶园中，间隔地挖去几行老茶树，种上新茶苗，进行局部换种，2～3 年后，再挖去其他剩余的老茶树。这种换种方法与一次性全部挖去所有老茶树的操作方法比，有助于改善茶园生态环境。如茶园的湿度增大，温差缩小，减少强光对幼树的照射时间。此外，茶园土地裸露面积减小，可控制一定的水土流失量，避免了常规改植换种 3～4 年无茶可采的现象，减少了因改造带来茶叶产量的波动，以茶养茶。

新老茶树套种，有其优点，具体实施过程中却存有许多问题，如因有部分老茶树不挖去，给种新茶树操作带来很大不便；新茶苗长出来后，老茶树的经常性采收，使茶苗遭受人为的踩踏，造成缺株断丛；与老茶树相邻新种茶苗的养分与水分供给，受老茶树的影响；在以后新茶苗长成挖去剩下的部分老茶树过程中，还会对新茶苗带来又一次损伤；整体茶园结构要进行调整时，这种换种方式就不太适宜。

现生产上比较多的是采用一次性改植换种的方式。直接将茶树全部挖去，种上新茶苗，改造方法简便、彻底。茶园大多分布在丘陵山坡地上，重新垦植，植后 3 年内不能封行，茶园裸露面积大，期间山地水土冲刷、养分流失严重，又将会引起对山地土壤的新一轮冲刷。从生态保护角度出发，选择合适的改植方式，对山地茶园的水土保持影响是很大的。

2.茶园改植换种的水土保持

低产茶园的改植换种过程中，茶园水土保持是维护茶园土壤生态平衡的一项重要工作。浙江杭州茶叶试验场对新垦茶园的水土冲刷调查资料表明，新垦茶园的水土冲刷十分严重，在浙江的气候条件下，坡度为 5° 的新种茶园，若无其他覆盖措施，3 年内年每 $667m^2$ 土壤冲刷量约为 10t，20° 坡度茶园约为

30t。水土冲刷量随种植年份增加逐年减少，随坡度降低减少。3 年生的茶树根系仍不能布满行间，树幅也不足封行，坡地的水土被冲刷，带走了大量养分，这一现象在常规生产园中至少维持 3 年以上。因此，在茶园改造的同时，要充分考虑水土保持这一生态问题，减少水土的被冲刷量。

为解决幼年茶园水土冲刷问题，通常采用的行之有效的办法是茶地铺草，有的则在幼年茶园的行间间作其他农作物，这些方法具有增加有机质、熟化土壤、保水保土、抑制杂草生长等优点。不同的处理方法，其效果差别甚大。可见，铺草措施对山地的水土保持效果明显，铺草后不需翻动土壤，使茶园土壤处于较为稳定的水热条件下，相比间作农作物，覆盖不完全，间作作物处于苗期时，覆盖度较小，对土壤的翻动较多，受雨水侵蚀造成水土被冲刷量比铺草大好几倍。在茶园中间作牧草，也是一种水土保持的有效措施。

（二）嫁接换种

嫁接是古老的园艺栽培技术，但在茶树上应用还比较少，茶树短穗嫁接换种技术，相对于改植换种，具有见效快，一次性投入成本少，投资回收期短，水土保持效果好等优点。嫁接茶树的接穗利用了砧木茶树原有庞大根系的吸收能力和根中贮藏的大量养分，因而接穗新枝生长远快于改植换种时幼树的生长，以致成园时间显著缩短，嫁接茶园比改植换种可提前 2 ～ 3 年成园，2 年内基本可收回投资成本。老茶树庞大根系保留，能在茶园地表无树冠覆盖的情况下，有效地固着土壤，使得改植换种带来的水土冲刷问题减小。嫁接换种的茶树，在形态、萌芽期上保持了接穗品种的特征，体内的物质代谢一定程度上受砧木影响，只要砧木与接穗选择得当，可以保持优良品种的特性。

现嫁接方法有许多，针对茶叶生产的特点，可选用下面这一方法来进行，具体掌握的技术环节有以下一些内容。

1.嫁接工具

进行茶树嫁接的工具主要有台刈剪、整枝剪、电锯或手锯、嫁接刀、凿、锄等。台刈剪具有较长的手柄，用来台刈茶树较为省力。有些茎干较粗，不能用整枝剪或台刈剪来剪除的茶树，可用电锯或手锯进行锯割，整枝剪主要用来剪除 1cm 以下粗度的茎干，并使切面平整。嫁接刀应选用既能切削接穗，又能劈切和撬开砧木的刀具，刀的先端应有一定的强度，不然难以撬开砧木，接穗不易顺利插入。有些茎干特别粗，不能用刀具撬开砧木，可用凿或其他代用品来辅之完成该项工作。锄头则用作清理地表杂物，培土之用。

2.遮阴材料准备

嫁接工作进行之前，必须把遮阴材料准备好。用作遮阴的材料有许多，采用遮阳网遮阴，需事先准备好木桩、竹竿、铁钉、绳子、遮阳网等物，以便嫁接过程中随时搭棚遮盖。另外，用山上采集的狼其草进行遮盖，这种材料，各地山上均有生长，使用成本低，而且狼其草干燥后也不会落叶，始终能起到遮盖的作用。

3.接穗留养

接穗应选用良种。选择用什么品种作为接穗时应根据各地生产的茶类要求认真考虑，目前有一些适制名优绿茶的品种，如乌牛早、浙农113、龙井43、迎霜、劲峰等，都可考虑作为接穗。

适合作为嫁接的接穗，最好是经一个生长季的枝条，如打算5月下旬至6月进行嫁接，就应在春茶前对留穗母本园进行修剪改造，剪去上部细弱枝条，使之抽出的枝条粗壮，春茶期间留养不采，这样留养的接穗质量好，嫁接成活率高。而随便剪些漏采的芽叶作为接穗，嫁接成活低。在留养枝条下部开始转变为红棕色，顶端形成驻芽时，进行打顶，即采摘去枝条顶端1、2叶嫩梢，以促使新生枝条增粗，腋芽膨大，1～2周后可剪下嫁接。

4.台刈茶树

将改造茶园的茶树（砧木）在齐地面处剪断或锯断。使用台刈剪时，一人用台刈剪剪茶树，一人朝刀口切入的方向轻压茶树，这样剪切省力，但要注意，压茶树时，不能用力过猛，而导致茎干被撕裂。剪截砧木时，要使留下的树桩表面光滑，并将茶园杂物及时清理干净。老茶树的台刈，要做到每半天能完成多少嫁接任务，就剪砧木多少。

5.砧木劈切

剪锯后的砧木，有些剪口较粗糙，可用刀、剪将其削平。根据粗度用劈刀在砧木截面中心或1/3处纵劈。劈切时不要用力过猛，可以把劈刀放在劈口部位，轻轻地挤压或敲打刀背，使劈口深约2cm。注意不要让泥土落进劈口内。有些砧木很粗，可以从其侧面斜向切入。

6.接穗切削

接穗削成两侧对称的楔形削面，整穗长2～3cm，带有1个芽和1片完整的叶，削面长 1 ～ 1.5cm。接穗的削面要求平直光滑，粗糙不平的削面不易接合紧密，影响成活。操作时，用左手稳接穗，右手推刀斜切入接穗。推刀用力要均匀，前后一致；推刀的方向要保持与下刀的方向一致。如果用力不均匀，前后用力不一致，会使削面不平滑；而中途方向向上或向下偏均会使削面不直。一刀削不平，可再补一两刀，使削面达到要求。

7.插接穗

用劈接刀前端撬开切口，把接穗轻轻插入，若接穗削有一侧稍薄一侧稍厚，则应薄面向内，厚面朝外，使插穗形成层和砧木形成层的一侧（接穗与砧木一侧的树皮和木头的接合部）对准，然后轻轻撤去劈刀，接穗被紧紧地夹住。

8.培土保湿

接穗插入后，在接口处覆上不易板结的细表土，接穗芽、叶露在土层外，以保持接口处湿润，利于伤口愈合抽芽。

近地面台刈、嫁接茶树，培土方便，但台刈与嫁接工作较累，为减轻工作强度，有些嫁接工作在离地 5cm 左右高度上进行，这样的嫁接就难以实现培土保湿，要求之后的遮阳保湿工作到位。

9.浇水、遮阴

嫁接茶园的经常性浇水是一项难以完成的工作，但若嫁接后不浇水，嫁接工作就不能成功。对此，改进保湿方法，可省去经常性的浇水工作，具体做法是：在嫁接茶树旁放置盛满水的塑料小杯，在嫁接茶树的茶行上搭架，用农用塑料膜覆盖，使整个茶行处于一个湿度饱和状态下。塑料膜上方盖遮阳网，起初须经常检查膜内温度变化，如膜内温度超过 30℃，要注意揭膜通气降温，之后掌握一定规律后，视天气变化进行揭膜与浇水管理工作。

10.除草、抹芽

嫁接地杂草发生快，必须及时拔除，拔除杂草时不要松动接穗。当接穗愈合，开始抽芽时，老茶树的根颈部也会有一些不定芽抽生，这些不定芽的抽生，会与接穗争夺水分与养分，需将其拔除。具体做法是，当根颈部的枝叶抽生高度达 15cm 左右时，用手紧握抽生枝叶的基部将其拔除。

11.打顶、修剪

嫁接成活后的茶树，因有庞大的根系供给水分和养分，新梢抽生快，在嫁接 1 个月以后的时间里，平均日生长量几乎达 1cm 左右。在新梢生长超过

40cm 时可进行打顶，采去顶端的 1 芽 1～2 叶，以促进茎干增粗和下部侧枝的生长。当年生长超过 50cm 后可在 25cm 高度上进行第一次定型修剪，促使树冠向行间扩大，这一工作可在翌年的春梢萌芽前进行。嫁接后的翌年，可在每茶季的末期进行打顶采，并于当年生长结束时，在第一次剪口上提高20～25cm 再定剪一次，经两次定型修剪，茶树高度达 50cm 左右。嫁接后的第三年，视茶树生长情况进行适当留养采摘。

12.防风、抗冻

接穗愈合后，芽梢生长速度快，叶张大，接口易在外力作用下被撕裂，尤其在有台风发生的地区更应注意风害的侵袭。嫁接后的当年，枝梢生长超过 40cm 后，可用台刈茶树的老枝插在新抽生的枝梢旁，以对新生枝梢起支撑作用。越冬期间，根颈的接口处易受冻害，因此，可在根颈部培土，覆以草料，起防冻保暖的作用，同时，也可抑制翌年根颈部不定芽的发生。

13.嫁接适期

不同地区，气候条件差异大，对嫁接的成活率会有一定的影响，嫁接的适期也有差异。茶树年生育周期中，长江中下游茶区的气候条件下，11 月至翌年 2 月，气温低，3 月常有倒春寒发生，4 月至 5 月中旬茶叶正处于生长季节，接穗难以采取。因此，这段时期不是十分有利的嫁接时期。5 月下旬至 9月是该茶区的嫁接适期。7 月嫁接，接后持续高温、低湿，一方面能促使接口快速愈合，接后抽芽始期缩短；另一方面也易使接穗失水过多而枯死。若受管理条件的限制，可避开 7～8 月的高温干旱季节。接后芽梢抽生初始日，5月、6 月嫁接约 35d，新芽开始生长；7 月嫁接的茶树，芽梢在接后 25d 就有抽生，时间最短；9 月嫁接，因 10 月气温降低，芽梢抽生时间推迟，一些 10月下旬还未抽生的接穗，将进入休眠状态，待来年春季再生长。不同地区进行茶树嫁接的适期应根据各地气候条件来选择。

嫁接换种缩短了低产茶园换种建园的时间，它可比改植换种茶园提前2～3 年成园，在生长季节里，接后 3 个月苗高可达 40cm 以上，改变了一直以来低产茶园改植换种周期长、投资大及低产茶园重新种茶苗生长受抑制的状况，减少了改植换种过程中挖去老茶树、重新开垦园地、育苗移植等工作，对山地茶园的水土保持作用显著，为加速茶树良种化进程起到积极的作用。但这一工作体力消耗大，嫁接投入时间长，此项技术的推广应用还需认识提高和技术改进。

第四节　良种繁育

一、茶树种苗繁殖的种类及其特点

同其他生物一样，茶树靠繁殖不断地推进了自身的进化，延续发展，扩大种群，繁衍后代。茶树在适应各种生活条件的过程中，形成了一定的繁殖特性和繁殖方式、方法，并且在长期栽培过程中，科技发展使茶树繁殖方法得到不断的改进，从而加快了茶树种苗繁育的进程。

茶树繁殖方法很多，归纳起来有有性繁殖和无性繁殖两大方式。有性繁殖又称种子繁殖，指通过茶树两性细胞结合，以种子的形式繁殖后代；茶树无性繁殖是直接利用母体的枝条、根、芽等营养体的再生能力进行繁殖后代，即利用茶树营养器官（一部分营养体）产生新个体的育苗，不通过雌雄配子结合，不由受精卵产生子代的所有繁殖现象，又称营养繁殖。大多数茶树品种兼有有性和无性繁殖的能力。

茶树是异花授粉，其所产生的种子具有不同的两个亲本的遗传特性。因此，有性繁殖具有复杂的遗传性，适应环境能力强；茶苗的主根发达，入土深，抗旱、抗寒能力强；繁殖技术简单，苗期管理方便，省工，种苗成本低且茶籽便于贮藏和运输，但植株间性状杂，生长差异大，不便管理；鲜叶不匀，不利于加工且结实率低的品种难以用种子繁殖。而无性繁殖则能保持母株的特征特性，后代性状一致，便于管理和机采；鲜叶较匀，适制高档名优茶，品质好、效益高；而繁殖系数高，利于迅速扩大良种茶园，也能克服不结实品种的繁殖困难，但繁殖技术条件要求较高；所费劳力和成本亦较多，容易从母株上传染病虫害，对母株的鲜叶产量有一定影响。

目前，国内外主要采用无性繁殖中的短穗扦插来育苗，由无性繁殖所建的茶园的比重越来越大，如肯尼亚和马拉维等国已达100%，日本为78.3%，斯里兰卡是55%，我国为25%左右。由于有性繁殖能提供丰富的选种材料，故对良种选育，尤其是杂交育种仍具有实际应用价值。

二、种子繁殖

茶树种子繁殖既可直播又可育苗移栽。历史上最早是采用直播，其能省略育苗与移栽工序所耗劳力和费用，且幼苗生活能力较强。育苗移栽可集约化管理，便于培育，并可选择壮苗，使茶园定植的苗木较均匀。云南大部分茶区因干湿季分明，并且冬、春连续少雨干旱，直播一般难以全苗，故多采用育苗移栽。

茶树种子繁殖技术较简单，主要应抓好：

（一）采种园的管理

要获得质优、量大的茶籽，就必须抓好对采收茶籽的茶园的管理，促进茶树开花旺盛、坐果率高而种子饱满。

（二）适时采收和妥善贮运

茶籽质量的好坏，其生活力的高低与茶籽采收时期及采收后的管理、贮运关系密切。适时采收，其物质积累多、籽粒饱满而发芽率高，苗生长健壮。茶籽采后若不立即播种，则要妥善贮存（在5℃左右，相对湿度60%～65%，茶籽含水率30%～40%条件下贮存），否则茶籽变质而失去生活力。茶籽若运往它地，要做好包装，注意运输条件，以防茶籽劣变。

（三）播种前处理

将经贮藏的茶籽在播种前用化学、物理和生物的方法，给予种子有利的刺激，促使种子萌芽迅速、生长健壮、减少病虫害和增强抗逆能力等。

（四）细致播种

由于茶籽脂肪含量高，且上胚轴顶土能力弱，故茶籽播种深度和播子粒数对出苗率影响较大。播种盖土深度为3～5cm，秋冬播比春播稍深，而沙土比黏土深。穴播为宜，穴的行距为15～20cm，穴距10cm左右，每穴播茶籽大叶种2～3粒，中小叶种3～5粒。播种后要达到壮苗、齐苗和全苗，需做好苗期的除草、施肥、遮阴、防旱、防寒害和防治病虫害等管理工作。

第四章

茶园管理

第一节 肥料管理

一、茶园施肥的时期与方法

掌握合理的施肥时期和施肥方法可使施入的养分充分发挥出最好的作用，否则，肥效低，作用小，达不到预期的目的。

各种营养元素经施肥进入土壤后，会发生一系列变化。正确合理地确定茶园施肥量，不仅关系肥料的增产效果，而且也关系土壤肥力的提高和茶区生态环境保护。施肥量补不足，茶树生长得不到足够的营养物，茶园的生产潜力得不到发挥，影响茶叶产量、品质和效益。施肥量过多，尤其是化学肥料过多，茶树不能完全吸收，容易引起茶树肥害，恶化土壤理化性质，使茶树生育受到影响，并且造成挥发或淋失，降低肥料的经济效益。过多的肥料随地下渗水流动而污染茶区水源，危及人们的健康。因此，应通过计量施肥，即用数量化的方法科学指导施肥，以提供平衡的养分，避免肥料浪费，确保矿质元素的良性循环，并获得最佳的经济效益。

依据茶树在总发育周期和年发育周期的需肥特性不同，各种肥料的性质和效应的差别，茶园施肥可分为底肥、基肥、追肥和叶面施肥等几种。

（一）底肥

底肥是指开辟新茶园或改种换植时施入的肥料，主要作用是增加茶园土壤有机质，改良土壤理化性质，促进土壤熟化，提高土壤肥力，为以后茶树生长、优质高产创造良好的土壤条件。根据杭州茶叶试验场的测定，施用茶园底肥，能显著改善茶园土壤的理化性质，茶树生长也得到明显改善，到了第四年，茶叶产量比不施底肥的能增加 3.6 倍。茶园底肥应选用改土性能良好的有机肥，如纤维素含量高的绿肥、草肥、秸秆、堆肥、厩肥、饼肥等，同时配施磷矿粉、钙镁磷肥或过磷酸钙等化肥，其效果明显优于单纯施用速效化肥的茶园。

施用时，如果底肥充足，可以在茶园全面施用；如果底肥数量不足，可集中在种植沟里施入，开沟时表土、深土分开，沟深 40 ～ 50cm，沟底再松土 15 ～ 20cm，按层施肥，先填表土，每层土肥混合均匀后再施上一层。

（二）基肥

基肥是在茶树地上部年生长停止时施用，以提供足够的、能缓慢分解的营养物质，为茶树秋、冬季根系活动和翌年春茶生产提供物质基础，并改良土壤。每年入秋后，茶树地上部慢慢停止生长，而地下的根系则进入生长高峰期，基肥施入，茶树大量吸收各种养分，使茶树根系积累了充足的养分，增强了茶树的越冬抗寒能力，为翌年春茶生长提供物质基础。据杭州地区用同位素 ^{15}N 示踪试验，在 10 月下旬茶树地上部基本停止生长后，到翌年 2 月春茶萌发前的这一越冬期间，茶树从基肥吸收的氮素约有 78% 贮藏在根系，只有 22% 的量输到地上部满足枝叶代谢所需。2 月下旬后，茶树根系所贮藏的养分才开始转化并输送到地上部，以满足春茶萌发生长。到 5 月下旬，即春茶结束，根系从基肥中吸收的氮素约有 80% 被输送到地上部，其中输送到春梢中的数量最多，约占 50%，而且在春茶期间茶树幼嫩组织中的基肥氮占全氮中的比例最大。由此可见，基肥对翌年春茶生产有很大的影响。

基肥施用时期，原则上是在茶树地上部停止生长时即可进行，宜早不宜迟。因随气温不断下降，土温也越来越低，茶树根系的生长和吸收能力也逐渐减弱，适当早施可使根系吸收和积累到更多的养分，促进树势恢复健壮，增加抗寒能力，同时可使茶树越冬芽在潜伏发育初期便得到充分的养分。长江中下游广大茶区，茶树地上部一般在 10 月中下旬才停止生长，9 月下旬至 11 月上旬地下部生长处于活跃状态，到 11 月下旬转为缓慢。因此，基肥应在 10 月上中旬施下。南部茶区因茶季长，基肥施用时间可适当推迟。基肥施用太迟，一则伤根难以愈合，易使茶树遭受冻害；二则缩短了根对养分的吸收时间，错过吸收高峰期，使越冬期内根系的养分储量减少，降低了基肥的作用。

基肥施用量要依树龄、茶园的生产力及肥料种类而定。数量足、质量好是提高基肥肥力的保证。基肥应既要含有较高的有机质以改良土壤理化特性，提高土壤保肥能力，又要含有一定的速效营养成分供茶树吸收利用。因此，基肥以有机肥为主，适当配施磷、钾肥或低氮的三元复合肥，最好混合施用厩肥、饼肥和复合肥，这样基肥才具有速效性，有利于茶树在越冬前吸收足够的养分；同时逐渐分解养分，以适应茶树在越冬期间的缓慢吸收。幼龄茶园一般每公顷施 15 ～ 30t 堆肥、厩肥，或 1.5 ～ 2.25t 饼肥，加上 225 ～ 375kg 过磷酸钙、112.5 ～ 150kg 硫酸钾。生产茶园按计量施肥法，基肥中氮肥的用量占全年用量的 30% ～ 40%，而磷肥和微量元素肥料可全部作基肥施用，钾、镁肥等在用量不大时可作基肥一次施用，配合厩肥、饼肥、复合肥和茶树专用肥等施入茶园。

茶园施基肥须根据茶树根系在土壤中分布的特点和肥料的性质来确定肥料施入的部位，以诱使茶树根系向更深、更广的方向伸展，增大吸收面，提高肥效。1 年生和 2 年生的茶苗在距根颈 10 ～ 15cm 处开宽约 15cm、深 15 ～ 20cm 平行于茶行的施肥沟施入。3 ～ 4 年生的茶树在距根颈 35 ～ 40cm 处开宽约 15cm、深 20 ～ 25cm 的沟施入基肥。成龄茶园则沿树冠垂直向下开沟深施，沟深 20 ～ 30cm。已封行的茶园，则在两行茶树之间开沟。如果隔行开沟的，应每年更换施肥位置，坡地或窄幅梯级茶园，基肥要施在茶行或茶丛的上坡位置和梯级内侧方位，以减少肥料的流失。

（三）追肥

追肥是茶树地上部生长期间施用的速效性肥料。茶园追肥的作用主要是不断补充茶树营养，促进当季新梢生长，提高茶叶产量和品质。在我国大部分茶区，茶树有较明显的休眠期和生长旺盛期。研究表明，茶树生长旺盛期间吸收的养分占全年总吸收量的 65% ～ 70%。在此期间，茶树除了利用贮存的养分外，还要从土壤中吸收大量营养元素，因此需要通过追肥来补充土壤养分。为适应各茶季对养分较集中的要求，茶园追肥需按不同时期和比例，分批及时施入。追肥应以速效化肥为主，常用的有尿素、碳酸氢铵、硫酸铵等，在此基础上配施磷、钾肥及微量元素肥料，或直接采用复混肥料。

第一次追肥是在春茶前。秋季施入的基肥虽是春季新梢形成和萌发生长的物质基础，但只靠越冬的基础物质，难以维持春茶迅猛生长的需要。因此进行追肥以满足茶树此时吸收养分速度快、需求量多的生育规律。同位素示踪试验表明，长江中下游茶区，3月下旬施入的春肥，春茶回收率只有12.3%，低于夏茶的回收率（24.3%）。因此，必须早施才能达到春芽早发、旺发、生长快的目的。按茶树生育的物候期，春梢处于鳞片至鱼叶初展时施追肥较宜。长江中下游茶区最好在3月上旬施完。气温高、发芽早的品种，要提早施；气温低、发芽迟的品种则可适当推迟施。第二次追肥是于春茶结束后或春梢生长基本停止时进行，以补充春茶的大量消耗和确保夏、秋茶的正常生育，持续高产优质。长江中下游茶区，一般在5月下旬前追施。第三次追肥是在夏季采摘后或夏梢基本停止生长后进行。每年7～8月间，长江中下游广大茶区都有"伏旱"现象出现，此时气温高、土壤干旱、茶树生长缓慢，故不宜施追肥。"伏旱"来临早的茶区应于"伏旱"后施；"伏旱"来临迟的茶区，则可在"伏旱"前施。秋茶追肥的具体时间应依当地气候和土壤墒情而定。对于气温高、雨水充沛、生长期长、萌芽轮次多的茶区和高产茶园，需进行第四次甚至更多次的追肥。每轮新梢生长间隙期间都是追肥的适宜时间。

每次追肥的用量比例按茶园类型和茶区具体情况而定。单条幼龄茶园，一般在春茶前和春茶后，或夏茶后2次按5∶5或6∶4的用量比追施。密植幼龄茶园和生产茶园，一般按春茶前、春茶后和夏茶后3次4∶3∶3或5∶2.5∶2.5的用量比施入。高产茶园和南部茶区，年追肥5次的，则按2.5∶1.5∶2.5∶2∶1.5的用量比于春茶前、春茶初采和旺采时、春茶后、夏茶后和秋茶后分别追肥。印度和斯里兰卡等国一般进行2次追施，在3月施完全部磷、钾肥和一半氮肥，6月再施余下的一半氮肥。日本磷、钾肥在春、秋季各半施用，氮肥则分4次，春肥占30%；夏肥分2次，各占20%；秋肥占30%。东非马拉维试验表明，在土壤结构良好的情况下，把全年氮肥分6次或12次施，虽然年产量不比只分2～3次施的增加，但可使旺季的茶叶减少8%～22%，具有平衡各级进厂鲜叶量的好处。

追肥施用位置：幼龄茶园应离树冠外沿10cm处开沟；成龄茶园可沿树冠垂直开沟；丛栽茶园采取环施或弧施形式。沟的深度视肥料种类而异，移动性小或挥发性强的肥料，如碳酸氢铵、氨水和复合肥等应深施，沟深10cm左右；易流失而不易挥发的肥料如硝酸铵、硫酸铵和尿素等可浅施，沟深3～5cm，施后及时盖土。

（四）叶面施肥

茶树叶片除了依靠根部吸收矿质元素外，还能吸收吸附在叶片表面的矿质营养。茶树叶片吸收养分的途径有两种：一是通过叶片的气孔进入叶片内部；二是通过叶片表面角质层化合物分子间隙向内渗透进入叶片细胞。据同位素试验表明，叶面追肥，尤其是微量元素的施用，可大大活化茶树体内酶体系，从而加强根系的吸收能力；一些营养与化学调控为一体的综合性营养液，则具有清除茶树体内多余的自由基、促进新陈代谢、强化吸收机能、活化各种酶促反应及加速物质转化等作用。叶面施肥不受土壤对养分淋溶、固定、转化的影响，用量少，养分利用率高，施肥效益好，对于施用易被土壤固定的微量元素肥料非常有利。据斯里兰卡报道，用20%尿素喷茶叶叶背，只需4h即可把所喷的尿素吸收完毕。因而通过叶面追肥可使缺素现象尽快得以缓解。同时还能避免在茶树生长季节因施肥而损伤根系。在逆境条件下，喷施叶面肥还能增强茶树的抗性。

例如，干旱期间对叶面喷施碱性肥，可适当改善茶园小气候，有利于提高茶树抗旱能力；而在秋季对叶面喷施磷、钾肥，可提高茶树抗寒越冬能力。

叶面追肥施用浓度尤为重要，浓度太低无效果，浓度太高易灼烧叶片。叶面追肥还可同治虫、喷灌等结合，便于管理机械化，经济又节省劳力。混合施用几种叶面肥，应注意只有化学性质相同的（酸性或碱性）才能配合。叶面肥配合农药施用时，也只能酸性肥配酸性农药，否则就会影响肥效或药效。叶面追肥的肥液量，一般采摘茶园每公顷为750～1500kg，覆盖度大的可增加，覆盖度小的应减少液量，以喷湿茶丛叶片为度。茶叶正面蜡质层较厚，而背面蜡质层薄，气孔多，一般背面吸收能力较正面高5倍，故以喷洒在叶背为主。喷施微量元素及植物生长调节剂，通常每季仅喷1～2次，在芽初展时喷施较好；而大量元素等可每7～10d喷1次。由于早上有露水，中午有烈日，喷洒时易使浓度改变，因此宜在傍晚喷施，阴天则不限。下雨天和刮大风时不能进行喷施。目前茶树作为叶面追施的肥料有大量元素、微量元素、稀土元素、有机液肥、生物菌肥、生长调节剂以及专门性和广谱型叶面营养物，品种繁多，作用各异。具体可根据茶树营养诊断和土壤测定，以按缺补缺、按需补需的原则分别选择。

二、茶园绿肥

（一）茶园绿肥的作用

茶园绿肥可以增加土壤有机质，从而提高土壤肥力；可以保坎护梯，防止水土流失；可以遮阴、降温和改善茶园小气候，从而提高茶叶的产量和质量；绿肥饲料还可以饲喂家畜，促进农牧结合。

（二）茶园绿肥种类的选择

我国茶区辽阔，茶园类型复杂，土壤种类繁多，气候条件复杂，因此茶园绿肥必须根据本地区茶园、土壤、气候和绿肥品质的生物学特性等，因地制宜地进行选择。

1.根据茶园类型选择绿肥种类

热带及亚热带红黄壤丘陵山区的茶园，由于土质贫瘠理化性差，在开辟新茶园前，一般宜种植绿肥作为先锋作物进行改土培肥。茶园的先锋绿肥作物一般选用耐酸耐瘠的高秆夏绿肥，如大叶猪屎豆、太阳麻、田菁、决明、羽扇豆等。

在1年生、2年生茶园中，由于茶苗幼小覆盖度低，土壤冲刷和水土流失严重。这类茶园宜选用矮生匍匐型绿肥，如黄花耳草、苕子、箭舌豌豆、伏花生等。作为幼龄茶园的遮阴绿肥，通常选用夏季绿肥如木豆、山毛豆、太阳麻、田菁等。为了防止幼龄茶园的冻害，一般选用抗寒力强的1年生金花菜、肥田萝卜、苕子等。在3年生、4年生茶园中，为了避免绿肥与茶树争夺水分和养分，应选择矮生早熟绿肥品种如乌豇豆、早熟绿豆和饭豆等。对于刈割改造的低产茶园，由于台刈后茶树发枝快、生长迅速，对肥水要求比幼龄茶树强烈，因此要选择生长期短的速生绿肥，如乌豇豆等。

山地、丘陵的坡地茶园或梯级茶园，为保梯护坎可选择多年生绿肥如紫穗槐、铺地木蓝、知风草等。

2.根据茶园土壤特性选择绿肥种类

茶园土壤为酸性土，故茶园绿肥首先要是耐酸性的植物。山东茶区认为伏花生在北方沙性土茶园中是最好的夏季绿肥。在我国的中部茶区如浙江、江西、湖南等省第四纪红土上发育的低丘红壤茶园，酸度大、土质黏重、土壤肥力低，夏季绿肥的选用为：大叶猪屎豆和满园花（肥田萝卜）可以先种，以后逐步向其他绿肥过渡。

3.根据茶区气候特点选择绿肥种类

我国茶区分布广泛，各区气象条件千差万别，故茶园绿肥必须根据各地的气候特点进行选用。北方茶区由于冬季气温低、土壤较旱，因此要选用耐寒耐旱的绿肥品种。一般选择毛叶苕子、豌豆。坎边绿肥铺地木蓝、木豆、山毛豆等通常只能在广东、福建、台湾茶区种植。而紫穗槐和草木樨等绿肥由于具有一定的抗寒抗旱能力，故可作为北方茶区的护堤保坎绿肥。长江中下游茶区，因为气候温和，雨水充沛，适宜作茶园绿肥的品种有很多。冬季主要有紫云英、金花菜、苕子、肥田萝卜、豌豆、绿豆、饭豆、红小豆、黑毛豆、黄豆等；多年生绿肥主要有各种胡枝子、葛藤、紫穗槐等。而西南的高原茶区，由于冬春干冷少雨，冬季绿肥最好用毛叶苕子和肥田萝卜，夏季绿肥以大叶猪屎豆和太阳麻最好。

4.根据绿肥本身的特性来选择茶园绿肥的种类

如铺地木蓝与紫穗槐可作为各茶区的梯壁绿肥，但不能与茶树间作。再如矮秆速生绿肥由于生长快、生长期短而根系较浅，与茶树争水争肥能力差，适合于3年生和4年生的茶园或台刈改造茶园间作。而匍匐型的绿肥则宜间作于新垦坡地茶园的行间，既可肥土又可防止水土流失。山毛豆、木豆由于高分枝多，且叶少而稀，适合作南方茶园的遮阴绿肥。

（三）茶园绿肥栽培

1.紫云英

紫云英又称红花草、江西苕、小苕，为1年生或2年生豆科作物。它是主要的冬季绿肥作物，也可作家畜饲料，在长江以南各省广泛种植，近年来有北移趋势。紫云英主根直立粗大，圆锥形，侧根发达，根瘤较多。植株高60～100cm。紫云英喜温暖，种子发芽的适宜温度为15～25℃。其生长规律是冬长根、春长苗，冬前生长慢。紫云英喜湿润，适宜在田间持水量75%左右的土壤中生长。适宜的土壤pH值在5.5～7.5。栽培方式为茶园套种或与肥田萝卜、麦类、油菜、蚕豆等混种，或在旱地单种。其栽培要点如下。

（1）种子处理。选用当年收获的种子；播种前要晒种、擦种（将种子与细沙按2∶1的比例拌匀，放在石臼中捣种10～15min，至种子"起毛"而不破裂为度）。用30%～40%腐熟的人粪尿浸种后再晾干。然后接种根瘤菌（对新种植区尤其重要），紫云英喜湿怕涝忌旱，因此要开好排水沟。

（2）因地制宜，适时早播。各地播种期不同，以9月上中旬至10月下旬播种为宜。每667m² 播种量1.5～2.5kg。

（3）以小肥养大肥，以磷增氮。酸性茶园土壤中有效磷含量甚低，施用磷肥后可使绿肥产量明显增加（每667m² 施过磷酸钙15kg）。

2.肥田萝卜

肥田萝卜又名满园花、萝卜青等，十字花科萝卜属，非豆科绿肥。可与紫云英、油菜等混播。肥田萝卜喜温暖湿润，适应性较强。它对难溶性磷的吸收利用能力强，能利用磷灰石中的磷。

播种及管理：播种前精细整地，开沟排水。肥田萝卜的适播期为9月下旬至11月中旬。播种量为0.5～1kg/667m²。用磷肥或灰肥拌种。

3.油菜

油菜为肥、油兼用的绿肥作物。宜与紫云英、箭舌豌豆等豆科绿肥作物间、套、混种。油菜喜温暖气候。最佳生长温度为15～20℃。秋播全生育期200d左右，春播60～70d即可进入盛花期。

播种与管理：播期因地而异，南方为10月下旬至11月中旬，北方为2月底至3月初。撒播量为0.20～0.26kg/667m²，作短期绿肥时用种量可增至0.5kg/667m²。

（四）茶园绿肥的利用

1.用作家禽饲料

尤其是豆科绿肥作物，养分含量较高，不仅是优质的肥料，而且是优质的饲料。可青饲、青贮或调制成干草，用来饲喂家畜，再利用家畜粪便肥田，这样可以大大提高绿肥的利用率，同时，也可解决家禽与人争地的矛盾。茶园绿肥中除大叶猪屎豆有毒、决明豆有异味等少数品种不能作为饲料外，大部分可以。如红三叶草、白三叶草、紫云英、肥田萝卜都是牛、羊的优质饲料。但需要注意的是，豆科绿肥青饲料不可一次大量喂给牛、羊，应与其他非豆科青饲料或秸秆配合饲喂，否则会使牛、羊患瘤胃臌气病。

2.作为改土的先锋作物

茶树是多年生常绿作物，播种定植前对土壤肥力的要求很高。对于新垦茶园来说深耕熟化是最基本的措施。深耕后容易使土壤层次打乱，表土、生土增加，如果立即种茶则不易生长。故需要种植1～2年绿肥作为先锋作物以促进土壤熟化。对于改植换种的低产茶园，由于多年来一直种植茶树，茶根分泌物和茶树枯枝落叶中含有很高的茶多酚类化合物，它们对微生物有一定的抑制作用，使土壤生境和微生物区系不利于茶树生长，所以低产茶园改植换种时，也要先栽培1～2年绿肥以改良土壤。

3.直接压青作茶园基肥

茶园绿肥的水分含量较高，茎叶幼嫩，可直接翻埋压青肥田。冬季绿肥压青可于翌年盛花期前后，结合茶园春耕将其翻埋于深层土壤；对于速生早熟的夏绿肥，如乌豇豆、速生型绿肥，因其生长期长可经两三次刈割后，于茶园秋耕时翻入土中。由于压青绿肥幼嫩容易腐解，分解过程中释放出热和大量的有机酸等物质，容易"烧坏"茶根，尤其在土壤水分较少时，因此翻压绿肥时，应离开茶树根颈40～50cm处开沟或深埋。

4.制成堆肥或沤肥

用作茶园追肥或基肥。

5.作茶园的覆盖物

将茶园绿肥刈青后覆盖在茶园地面上，可以提高土壤的含水率，减少水土流失，具有防寒防冻等作用，同时覆盖材料分解后也能为土壤提供养分。

（五）充分利用土地，广辟茶园绿肥基地

茶园间作绿肥，只能在1～3年生幼龄茶园或台刈改造的茶园进行。对于大部分成龄茶园，由于受密度限制而无法间作绿肥。因此在新辟茶园时，行距可以适当放宽，也可以利用一些空闲地、荒山、水面（水中可养殖细绿萍、水葫芦等），建立茶园绿肥基地。

第二节　土壤管理

茶园土壤耕作可分为浅耕、中耕、深耕及深翻改土。

一、浅耕和中耕

浅耕即在表土层作浅层耕作，中耕的耕作深度介于浅耕和深耕之间。

（一）浅耕和中耕的作用

（1）铲除杂草。
（2）疏松表土层土壤，加强土壤的透水、透气性。
（3）切断土壤毛细管减少水分蒸发，稳定下面耕作层的水热状态。

（二）时间与方式

浅耕：深度 10cm 以内，除草结合施肥。每年进行 3～5 次，即在 3 月施催芽肥时耕作 1 次，5～6 月夏肥施用时耕作 1 次，8～9 月除草 1 次，利用杂草种子还未成熟时进行一次秋肥，除草浅耕。对幼龄茶园除草，苗旁杂草用手拔除，除草仅在行间进行，以免损伤幼苗。

中耕：深度 10～15cm，主要在春茶之前。

二、深耕

指在原耕作层的基础上，加深耕作层作业。

（一）深耕的作用

（1）改善土壤的物理性质，可减轻土壤的容重，增加土壤孔隙度，提高土壤蓄水量。
（2）加深和熟化耕作层，加速下层土壤风化分解，将水不溶性养分转化为可溶性养分。

（二）深耕的程度

（1）深耕程度。依茶园管理水平、种植方式、品种、树龄而定，主要根据茶树生长势及根系是否发达等情况。
（2）管理水平高的茶园，长势好的茶园，可以浅耕或免耕。
（3）条栽密植茶园行间根系分布较多，程度浅些，不能年年深耕。

（4）疏植茶园，丛栽茶园，深耕程度可深些，一般可掌握在 25 ～ 30cm。

（5）大叶种根系分布较深可深耕，而中小叶种则可适当浅些。

（6）幼龄茶园浅耕，老龄茶园可深耕。

（7）土壤结构良好，土壤肥沃的茶园可以免耕。

（三）深耕的时间与方式

深耕时间的掌握原则是：避开采茶旺季和不良的环境条件。如恶劣的天气，如高温、干旱、霜冻。

1.北部茶区

在 8 ～ 9 月基本结束茶季，气温也不很低，杂草种子尚未成熟，是较好的深耕季节。

2.南部茶区（本市）

一般在 11 月至翌年 2 月间进行，偏早较好些，冬季重霜期后进行深耕，在耕作中可以不打碎土块，有利于改善土壤结构，同时结合清园工作，把杂草、枯枝、落叶压入土中。

三、深翻改土

（一）深翻改土的作用

能破坏底土对根系的机械阻力，结合施用大量的有机肥，改良土壤的性状。

（二）时间与方法

深翻改土要分期分批进行，一般在 11 月至翌年 2 月。具体方法如下。

（1）挖沟回表土，深 × 宽 =50cm × 50cm，回表土＞ 20cm。

（2）施基肥。绿肥 2000 ～ 2500kg/667m^2，饼肥 100 ～ 150kg/667m^2。

（3）底土回沟面，把底土层平展于表面。

第三节 水分管理

水是构成茶树机体的主要成分，也是各种生理活动所必需的溶剂，是生命现象和代谢的基础。茶树水分不足或过多，代谢过程受阻，都会给各种生命活动过程造成不良影响，进而导致茶叶产量和质量的降低。因此，有效地进行茶园水分管理是实现"高产、优质、高效"的关键技术之一。

茶树需水包括生理需水和生态需水。生理需水是指茶树生命活动中的各种生理活动直接所需的水分；生态需水是指茶树生长发育创造良好的生态环境所需的水分。茶园水分管理，是指为维持茶树体内正常的水分代谢，促进其良好的生长发育，而运用栽培手段对生态环境中的水分因子进行改善。在茶园水分循环中，茶园水分别来自降水、地下水的上升及人工灌溉3条途径。而茶园失水的主要渠道是地表蒸发、茶树吸水（主要用于蒸腾作用）、排水、径流和地下水外渗。

一、茶园保水

由于我国绝大部分茶区都存在明显的干旱缺水期和降雨集中期，加上茶树多种植在山坡上，灌溉条件不利，且未封行茶园水土流失的现象较严重，因而保水工作显得非常重要。据研究，我国大多数茶区的年降水量一般多在1500～2000mm，而茶树全年耗水最大量为1300mm，可见，只要将茶园本身的保蓄水工作做好，积蓄雨季的剩余水分为旱季所用，就可以基本满足茶树的生长需要。茶园保水工作可归纳为两大类：一是扩大茶园土壤蓄纳雨水能力；二是控制土壤水分的散失。

（一）扩大土壤蓄水能力

土壤不同，保蓄水能力也不相同，或者说有效水含量不一样，黏土和壤土的有效水范围大，沙土最小。建园时应选择相似的土类，并注意有效土层的厚度和坡度等，为今后的茶园保水工作提供良好的前提条件。

但凡可以加深有效土层厚度、改良土壤质地的措施，如深耕、加客土、增施有机肥等，都能够显著提高茶园的保水蓄水能力。

在坡地茶园上方和园内加设截水横沟，并做成竹节沟形式，能够有效地拦截地面径流，雨水蓄积在沟内，再缓缓渗入土壤中，是茶园蓄水的有效方式。另外新建茶园采取水平梯田式，山坡坡段较长时适当加设蓄水池，也可以扩大茶园蓄水能力。

（二）控制土壤水分的散失

地面覆盖是减少茶园土壤水分散失的有效办法，最常用的是茶园铺草，可减少土壤蒸发。

茶园承受降雨的流失量与茶树种植的形式和密度关系密切。一般是条列式小于丛式，双条或多条植小于单条植，密植小于稀植；横坡种植的茶行小于顺坡种植的茶行。幼龄茶园和行距过宽、地面裸露度大的成龄茶园，流失情况特别严重。

合理间作。尽管茶园间作物本身要消耗一部分土壤水，但是相对于裸露地面，仍然可以不同程度地减少水土流失，坡度越大作用越显著。

耕锄保水。在雨后土壤湿润、表土宜耕的情况下，及时进行除草，不仅可以免除杂草对水分的消耗，而且能够有效地减少土壤水的直接蒸散。

在茶园附近，特别是坡地茶园的上方适当栽植行道树、水土保持林，园内栽遮阳树，不仅可以涵养水源，而且能够有效地增加空气湿度，降低自然风速，减少日光直射时间，从而减弱地面蒸发。

此外，也应该合理运用其他管理措施。例如，适当修剪一部分枝叶以减少茶树蒸腾；通过定型和整形修剪，迅速扩大茶树树冠对地面的覆盖度，不仅可以减少杂草和地面蒸散耗水，而且能够有效地阻止地面径流；施用农家有机肥，可以有效改善茶园土壤结构，提高土壤的保水蓄水能力。

二、茶园灌溉

茶园灌溉是有效提高茶叶产量、改善茶叶品质的生产措施之一，关键在于选择合适的灌溉方式和时期。用于茶园灌溉的水质应符合灌溉用水的基本要求。

为充分发挥灌溉效果，做到适时灌溉十分重要，所谓适时，就是要在茶树尚未出现因缺水而受害的症状时，即土壤水分减少至适宜范围的下限附近，就补充水分。判断茶树的灌溉适期，一般有 3 种方法：一是观察天气状况。依当地的气候条件，连续一段时间干旱，伴随高温时要注意及时补给水分。二是测定土壤含水量。茶园土壤含水量大小能够反映出土壤中可为茶树利用水分的多少。在茶树生长季节，一般当茶树根系密集层土壤田间持水量为 90% 左右时，茶树生育旺盛；下降到 60% ～ 70% 时，生育受阻；低于 70%，叶细胞开始产生质壁分离，茶树新梢就受到旱害。因此，在茶树根系较集中的土层田间持水量接近 70% 时，茶园应灌溉补水。三是测定茶树水分生理指标。茶树水分生理指标是植株水分状况的一些生理性状，例如芽叶细胞液浓度和细胞水势等。在不同的土壤温度与气候条件下，水分生理指标可以客观地反映出茶树体内水分供应状况。新梢芽叶细胞液浓度在 8% 以下时，土壤水分供应正常，茶树生育旺盛；细胞液浓度接近或达到 10% 时，表明土壤开始缺水，需要进行灌溉。

茶园灌溉方式的选择，必须充分考虑合理利用当地水资源、满足茶树生长发育对水分的要求、提高灌溉效果等因素。

（一）浇灌

浇灌是一种最原始、劳动强度最大的给水方式，不适宜大面积采用，可在没有修建其他灌水设施，临时抗旱时使用。特点是水土流失小、节约用水等。

（二）自流灌溉

茶园自流灌溉的方法主要有两种：一种通过开沟将支渠里的水控制一定的流量，分道引入茶园，称为沟灌法。开沟的部位和深度与追肥沟基本上一致，这样可以使流水较集中地渗透在整个茶行根际部位的土层内。灌水完毕后，应及时将灌水沟覆土填平。另一种是漫灌法。即在茶园放入较大流量的水，任其在整个茶园面上流灌。漫灌用水量较多，只适宜在比较平坦的茶园里进行。

对茶园进行灌溉，应根据不同地势条件掌握一定的流量。过大的流量容易造成流失和冲刷；过小的流量则要耗费很长的灌溉时间。一般说来，坡度越大，采用的流量必须相应减小。一般沟灌时采用每小时 4 ～ 7m³ 的流量较为适合。

（三）喷灌

喷灌类似自然降雨，是通过喷灌设备将水喷射到空中，然后落入茶园。主要优点有：可以使水绝大部分均匀地透入耕作层，避免地面流失；水通过喷射装置形成雾状雨点，既不破坏土壤结构，又能改变茶园的小气候，提高产量和品质。同时可以节约劳动力、少占耕地、保持水土、扩大灌溉面积。但喷灌也有一些局限性，如风力在3级以上时水滴被吹走，大大降低灌水均匀度；一次性灌水强度较大时往往表面湿润较多，深层湿润不足，而且喷灌设备需要较高的投资。

（四）滴灌

滴灌是利用一套低压管道系统，将水引入埋在茶行间土壤中（或置于地表）的毛管（最后一级输水管），再经毛管上的吐水孔（或滴头）缓缓滴（或渗）入根际土壤，以补充土壤水分的不足。滴灌的优点是：用水经济，保持土壤结构；通气好，有利于土壤好气性微生物的繁殖，促进肥料分解，以利于茶树的吸收；减少水分的表面蒸发，适用于水源缺乏的干旱地区。缺点是：材料多、投资大，滴头和毛管容易堵塞，田间管理工作比较困难。

第五章
茶树管理

　　良好的树冠是茶树持续优质、高产和高效的基础和前提，修剪是栽培茶树树冠培养最重要的技术措施。采摘则是茶叶生产的目的，由于采摘的新梢既是收获的对象，又是光合作用的器官，因此，如何合理采摘，留养结合，直接关系到茶叶产量和品质，以及茶叶生产的可持续生产能力。

第一节　茶树修剪

　　自然生长的茶树，往往是主干明显，侧枝细弱，幼龄期树冠呈宝塔形，成龄后呈纺锤状，树幅窄小，芽叶立体分布，数量稀少；茶树的营养成分也多数消耗在长距离的运输过程中，导致茶叶产量低、品质差，茶叶采摘效率低，更不适合机械化采摘。因此，应根据茶树的生长发育习性及其生理代谢规律，通过合理的技术措施，调控茶树分枝习性，改善体内营养物质运输和分配，将茶树培养成"壮、宽、齐、密、茂"的优化型树冠。科学实验和生产实践表明，修剪是培养优化型树冠的重要技术措施。

一、茶树优质高产树冠的结构

　　茶树在一生中，从幼年、青年、壮年到老年，不同的生长发育阶段，茶树的分枝习性存在明显的差异。可以根据茶树生长发育的这些规律，生产上通过合理的修剪技术，培养优质高产树冠。概括地说"壮、宽、密、齐、茂"是茶树优质、高产和高效的树冠结构，具体要求符合下列条件。

（一）骨干枝粗壮，分枝层次分明

茶树分枝的粗细、数量、长短随着树龄和树冠的增大而发生有规律性的变化，接近地面的枝条较粗壮，数量较少，离地面向上生长，随着分枝级数的递增，枝条变细，数量增加，采摘面上的枝条最细，数量最多。优质高产树冠要求分枝层次分明，骨干枝粗壮，分布均匀，采摘面生长枝健壮而茂密。

（二）高度适中

茶树树冠过高，土壤中吸收向地上部运输的矿质养分和水分，以及叶片光合作用合成向根系运输的有机物会大量浪费在运输途中和维护枝干的生长，还不利于采摘和田间作业；树冠过低则难于形成宽广密集的采摘面。只有适中的树冠高度，才能保持一定幅度的采摘面和较高的养分利用率，从而达到优质高产。一般来说，乔木和半乔木大叶茶树，树高以 80～90cm 为宜，灌木型中小叶种以 80cm 左右为宜；而我国北方茶区或高山茶园，如山东等气候较寒冷的地区，为了抗寒防冻的需要，可培养成 60cm 左右的低型树冠。

（三）树冠广阔，覆盖度大

在控制适当树高的前提下，保持茶园有较高的覆盖度，是茶树高产优质的基本条件之一。中国农业科学院茶叶研究所姚国坤的研究表明，茶树覆盖度与茶叶产量呈显著正相关，相关系数高达 0.953（$n=6$）。但当覆盖度超过 90% 时，并不是覆盖度越大，茶叶产量越高。覆盖度过大，茶园密不透风，如某些密植茶园，往往细弱枝条过多，对病虫害和不良环境的抵抗力较低，影响茶叶的产量和品质。当然，树冠狭窄，覆盖度过小，茶园裸露面积大，水土冲刷严重，也难于优质高产和获得茶叶生产的可持续发展。

（四）叶层厚度和叶面积指数适当

叶片是茶树光合作用合成有机物的场所，茶叶产量的高低取决于能有效进行光合作用叶片的数量。但并不是茶园内的叶片数量越多，能有效进行光合作用的叶片就越多。这是由于单位面积内，随着叶片数量的增多，叶片重叠，相互遮阳，光合作用效率并不因此而增大，相反由于呼吸消耗增加，产量可能反而降低。对高产茶园的调查表明，一般中小叶种茶树要求有

10～15cm 的叶层，大叶种有 20～25cm 的叶层。叶面积指数在 3～4 时，茶叶产量高、品质好。

二、茶树修剪的作用

茶树经过修剪，不仅形态上发生变化，如骨干枝更加粗壮、均匀，采摘面变得平整和有较大的覆盖度等，而且生理上也发生了显著的变化，如生殖生长减弱，氮素代谢增强等，从而能提高茶叶产量和品质。

（一）改变树冠结构，培养优化型树冠

茶树修剪能改变树冠结构（图 5-1）。幼年期茶树定型修剪，加速树冠向合轴分枝发展，培养骨干枝，使分枝层次分明，扩大树冠覆盖度；壮年期茶树轻修剪和深修剪，可调节分枝级次、数量和粗度，控制树冠高度，平整采摘面；衰老茶树重修剪和台刈，能更新树冠，提高茶树生产力。

（二）抑制顶端优势，刺激腋芽萌发

通过修剪或摘去顶芽，解除顶端优势，促进腋芽的生长，有利于培育优化型树冠。幼龄

图5-1　修剪后形成的合轴分枝状态

茶树定型修剪后，剪口下的侧芽萌发生长形成侧枝，促进了骨干枝和树冠的形成。成年茶树轻修剪后，分枝增加，采摘面扩大。衰老茶树台刈后，根颈部的潜伏芽萌发生长，重新形成新的树冠。

（三）调节根冠平衡，根深叶茂

茶树树冠和根系的生长是一对既相互矛盾又相互依存的统一体。"根深叶茂""叶靠根养，根靠叶长"，实质上反映了树冠和根自然生长的单轴分枝状态。当地上部修剪后，打破了根冠之间的平衡，茶树体内物质的调配和运输发生变化，根系贮存的营养物质集中向上运输到剩下的枝梢上，刺激地上部迅速恢复生长，促进新的侧芽和新梢生长。但茶树刚修剪后，由于大部分养

分供应新梢的生长，对根系的供应较少，因此，根系生长量有所减少，这说明进行修剪时要求茶树根系有较高的贮藏养分。

（四）改变碳氮比例，抑制生殖生长

自然生长或长期不修剪的茶树，碳氮比较大，营养生长衰退，生殖生长旺盛，枝梢细弱、节间短，常常长有大量的花果。茶树修剪后，剪去了细弱、老化，含碳量高，养分运输困难和花果较多的枝条，新枝代替老枝，吸收、光合、蒸腾效率提高，使茶树体内水分和氮的含量明显增加，降低了茶树的碳氮比，有利于新梢的生育。据试验，每年轻修剪的茶园，茶叶和茶籽产量分别为 1676kg/hm^2 和 58kg/hm^2；而长期不修剪的茶园，茶叶产量为 892kg/hm^2，仅为前者的 53%，茶籽产量则高达 188kg/hm^2，比前者的 3 倍还多。

（五）促进新陈代谢，提高茶叶品质

水分含量和酶活性强度的高低是茶树生理代谢旺盛与否的重要标志。修剪能提高新梢的水分含量，一般可提高 1.1% ～ 2.2%，从而增强茶树的新陈代谢能力。研究表明，茶树轻修剪后，碧云、龙井 43 和菊花春 3 个品种夏秋茶新梢的水势均有明显提高，其中春茶后轻修剪提高幅度最大，春茶前轻剪次之，不修剪最低。茶树修剪对酶活性的影响表现为修剪程度越深，修剪初期酶活性越强，但随着时间的推移，酶活性降低。修剪由于提高了茶树整体的生理机能，茶树对氮素和矿质营养元素的吸收能力提高，新梢中这些营养元素的含量增加，从而提高了茶叶产量和品质。

三、茶树修剪技术

目前，我国推广应用最多的修剪方式有定型修剪、轻修剪、深修剪、重修剪和台刈 5 种。其中，定型修剪主要起培养树冠骨架，促进分枝，扩大树冠的作用；轻修剪主要起整理树冠的作用；深修剪、重修剪和台刈的主要目的是更新复壮树冠。根据茶树的生长发育特点、树势和相应的环境条件，合理应用不同的修剪方法及其配套技术措施，才能达到增产、提高质量和高效的目标。

（一）定型修剪

定型修剪的主要目的是促进分枝，控制高度，加速横向扩张，使单轴分枝尽快转变为合轴分枝，使分枝结构合理，骨干枝粗壮，为培养优质高效树冠骨架奠定坚实的基础。定型修剪主要用于幼龄茶树，但也适用于台刈和重修剪改造后树冠骨架的培养。

1.幼龄茶树的定型修剪

幼龄茶树具有明显的主干，顶端优势强，如任其自然生长，则分枝稀少，分枝部位高，树冠覆盖度小。通过定型修剪，改变茶树的自然生长状态，压低分枝部位，促进分枝，有利于迅速扩大树冠。茶树定型修剪一般进行 3 次，方法如下：

第一次定型修剪：一般当灌木型茶树达到 2 足龄，苗高达到 30cm 以上，离地 5cm 处茎粗超过 0.3cm，并有 1～2 个分枝时即可开剪（图 5-2）。对于生长良好，虽未达 2 足龄，但已达到上述要求的茶树，也可进行修剪。对于正常出圃的无性系茶苗，第一次定型修剪可在移栽时进行，但对于生长较差的茶苗，移栽时打顶，定剪推迟到翌年进行。定型修剪的高度以离地 15cm 左右为宜。修剪时，用整枝剪只剪主枝，不剪侧枝；剪口应向内侧倾斜，尽量保留外侧的腋芽，使发出的新枝向外侧倾斜，剪口要光滑，以利于愈合。修剪以春茶前进行为宜，以后当年留养新梢。

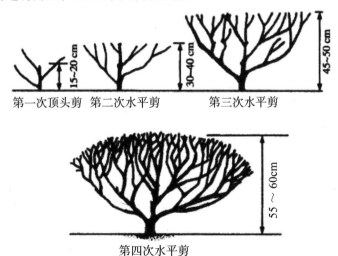

第一次顶头剪　第二次水平剪　　　第三次水平剪

第四次水平剪

图5-2　茶树定型修剪

第二次定型修剪：一般在上次修剪 1 年后进行，修剪高度在上次剪口基础上提高 10～15cm，即离地 25～30cm 处修剪。若茶树生长旺盛，树高达到了 55～60cm 的修剪标准，也可提前进行。这次修剪可用篱剪按修剪高度剪平。修剪时间以春茶前进行为宜，但对土壤肥力较高，长势旺盛的茶树，也可在春茶适当打顶采后进行，以提高经济效益。需要指出的是，春茶打顶和剪后的夏秋季打顶轻采均要采高养低、采顶留侧、采强扶弱，以进一步促进分枝，扩大树冠，增加茶芽密度。

第三次定型修剪：在第二次定型修剪 1 年后进行，若茶苗生长旺盛，同样可提前进行。修剪高度在上次剪口基础上再提高 10～15cm，即离地 40cm 左右处用篱剪将蓬面剪平即可。一般要求在春茶前修剪。但对于树势旺盛，采摘名优茶的地区，可以采取春茶前期早采、嫩采名优茶，20d 后结束采摘，再进行第三次定型修剪，夏秋茶打顶养蓬。

幼龄茶树经过 3 次定型修剪后，树冠迅速扩展，已具有坚强的骨架，第 5～6 年即可采取春茶前期多采名优茶，中期提前结束采摘，在上次剪口上再提高 5～10cm 进行整形修剪，使树冠略成弧形，即可正式投产。

定型修剪是茶树树冠培养最重要的手段，修剪的质量对于今后几十年茶叶的产量和品质均有影响，应重视，并特别注意以下几个问题。

（1）第一次定型修剪的树龄。定型修剪过迟，茶树苗期的时间长，影响经济效益的发挥；定型修剪过早，茶树不仅无法形成粗壮的骨干枝，根系的生长也受到明显的影响，欲速则不达。因此，确定合适的第一次定型修剪时间对于既能早收益，又利于优质高效树冠的形成显得非常重要。在确定第一次定型修剪的时间时，有一点必须铭记在心，那就是修剪会明显影响根系的生长，这一点在苗圃期或移栽时修剪显得尤为重要。因为移栽成活率的高低和移栽后茶树长势的强弱与根系生长的质量有非常明显的相关性。据肯尼亚 Grice W.J. 的研究表明，苗圃内茶树长到 35～40cm 时打顶采摘与任其自然生长相比，茶树的分枝数虽略有增多，但根系的平均重量仅为 9.8g/ 株，而自然生长的高达 24.0g/ 株。这是由于修剪剪去了部分成熟叶片，缩短了新梢休止期，不仅使叶片光合作用积累碳水化合物的数量减少，而且由于刺激新梢的生长，加速了养分的消耗，从而使根系得到的光合产物明显减少而影响了生长。因此，第一次定型修剪最好不要在苗圃内进行。另外，需要指出的是，茶苗分枝的数量和粗度主要取决于扦插的密度，而不是苗期的修剪或打顶。

适当稀植，茶苗分枝的数量多，分枝的部位也低，对于培育壮苗和高产树冠是十分必要的。

茶树第一次定型修剪的树龄还取决于茶苗的高度和主茎的粗度。高度不足会影响骨干枝的健壮度，但若主茎纤细，则难以形成健壮的骨架。因此，茶树移栽后是否开剪，或何时开剪，应兼顾苗高和茎粗。

（2）定型修剪的时间。茶树幼苗贮藏的养分较少，剪后生长需要大量的养分，因此，修剪时间应选择在茶树体内养分较多时进行。同时，茶树修剪后恢复生长，与环境条件关系密切，幼龄茶苗对不良环境的抵抗能力差，修剪时应避开霜冻低温和高温干旱，特别是移栽时修剪应做好抗旱保苗工作。对于我国多数茶区，春茶萌芽前是最适宜的定剪时期。

定型修剪不能"以采代剪"。虽然采和剪从现象上都能解除顶端优势，促进侧枝和腋芽的萌发，但实质上是有区别的。采摘的对象是嫩梢，修剪的对象是木质化的枝条。以采代剪，会使多枝萌发，枝条过分密集、短小、纤细，难以培养数量合理、分布均衡、质地健壮的骨干枝。

2.重修剪和台刈茶树的定型修剪

为了使分枝结构合理，重修剪和台刈后的茶树也要进行定型修剪。但做法上与幼龄茶树有所不同。

重修剪的茶树，剪口较高，抽发的新梢生长旺盛。对于长江中下游茶区春茶适当提前结束后进行重修剪的茶树，经过2个月的生长，新梢可长30cm以上，新生枝条基部半木质化，这时可进行定型修剪，在重剪剪口基础上提高5cm修剪。再生的枝条任其生长，直至秋末打顶，以利塑年春茶早发。需要指出的是定剪要求在7月初以前进行，否则，茶树再生枝条生长时间短，粗度和成熟度均较差，影响重剪的效果。对于这类茶树，如无法在7月初进行定型修剪，则任其生长，待塑年春茶结束后在重剪剪口基础上提高10～15cm进行定剪。以后适当留养真叶，打顶采摘，逐步培养树冠。

对于离地5～20cm台刈的茶树，台刈当年任其生长，塑年春茶结束后进行第一次定型修剪，由于分枝较多，可在原剪口基础上提高15～20cm剪平，如能结合疏枝，去除部分细弱枝，对于提高台刈茶园骨干枝的粗度，提高茶园改造的效果十分有利；第三年春茶结束后再进行第二次定型修剪，在上次剪口基础上再提高15cm左右修剪。以后与幼龄茶树一样，实行留养轻采、轻修剪，逐步培养树冠。

（二）轻修剪

定型修剪后的茶树，分枝层次和骨架基本形成，为了进一步提高茶园的覆盖度和采摘面，需要进行轻修剪。成龄采摘茶园，由于留养的需要，树冠不断提高，表层枝梢也呈越采越细的趋势；茶树树冠面的营养芽一年萌发多次，由于营养芽所处的部位、萌发能力和生长量各不相同，使树冠表面的枝梢总是参差不齐。为了控制高度，平整树冠，方便采摘，适当刺激树冠表面新梢的生长，生产上要进行轻修剪。

1.轻修剪的方法

生产上常采用的轻修剪方法有两种：轻修剪和修平。

轻修剪是将生长年度内的部分枝叶剪去，一般在上次剪口基础上提高3～5cm进行轻度修剪，或剪去树冠面上的突出枝条和树冠表层3～10cm枝叶。轻修剪每年进行一次，如果树冠整齐，生长旺盛，也可隔年进行一次。轻修剪太浅，达不到刺激生长的目的；但剪得太重，又会影响树冠面生产枝的结构和数量，不利茶叶产量的提高。因此，在确定修剪深度时，应根据生态条件、茶树品种和新梢生长势等灵活掌握。一般气候温暖，肥培管理好，叶层较厚，生长势强的茶园可适当剪重些；反之，气候较冷，肥培管理差，叶层较薄或采摘过重的茶树宜剪轻些。

修平只将茶树冠面上突出的枝条剪去，平整树冠，程度较轻。一般多用于有性系品种种植的机采茶园。这是由于机采后的茶园树冠较平整，但叶层较薄，适当留养是增加叶面积指数，防止早衰，延长优质高产年限的重要技术措施。茶树在留养期间，有性系品种的部分枝条生长较快，为了提高机采茶叶的质量，需要进行修平。另外，生产枝粗壮，发芽能力强，隔年轻修剪一次的茶园，常在不轻修剪的这一年进行一次剪平，以利平整树冠和采摘。

2.轻修剪时期

轻修剪对茶树的刺激作用是修剪措施中程度最轻的，它对茶树体内贮藏养分和环境条件的要求较小。因此，轻修剪从原则上讲一年四季均可进行。生产上应用较多的轻修剪时期有早春、春末夏初、秋末，即分别在春茶萌动前、春茶结束后和秋茶结束后进行。也有在夏茶结束后和冬天茶芽休眠期间进行轻修剪的。不同时期修剪对茶叶产量影响较小，但对新梢萌发期有一定的影响。韩文炎等的研究表明，轻修剪对茶叶产量和新梢萌发期的影响与品种的生育特性有关（表 5-1、表 5-2）。

表 5-1　轻修剪时期对不同品种茶树当季新梢生育的影响

品种	春茶 / (kg/hm²)		夏茶 / (kg/hm²)		全年 / (kg/hm²)		
	春茶前轻剪	不修剪	春茶后轻剪	不修剪	春茶前轻剪	春茶后轻剪	不修剪
碧云	840	917	556	544	2589	2668	2635
龙井 43	1173	1383	673	654	3080	3164	3155
菊花春	938	1006	681	690	2814	2997	2947
苔茶	1132	1148	579	585	2477	2573	2547

表 5-2　轻修剪时期对不同品种茶树当季和全年茶叶产量的影响

品种	春茶前轻修剪与不修剪相差天数 /d		春茶后轻修剪与不修剪相关天数 /d
	萌动期	1 芽 2 叶展开期	1 芽 2 叶展开期
碧云	−5	−2	0
龙井 43	−8	−3	−2
菊花春	−9	−7	−1
苔茶	0	+1	

　　由于各地的气候、品种、栽培管理措施不同，各种修剪时期均有取得最高产量的报道。但总的来说，轻修剪对修剪后第一个茶季茶芽的萌发和产量影响较大，特别是春茶前轻修剪对春茶开采期和春茶产量的影响较大；对全年的产量影响较小，与不修剪相比，不同时期修剪引起的产量波动一般不超过 10%，多数在 5% 以内；秋茶后轻修剪的增产效果较好，其次为春茶后修剪。

　　因此，在确定具体的轻修剪时期时，应根据当地的气候、品种和茶叶生产情况等灵活掌握。一般来说，对于多数茶园，特别是早春采制名优茶的茶园来说，以秋茶后或春茶后轻修剪为宜，不应在春茶前轻修剪，这对于发芽早、分枝密的品种尤其如此。因为早春轻修剪剪去了树冠表层已充分发育的即将萌发的越冬芽，留下的是发育相对不够充分，未做好萌发准备的下部越冬芽，从而推迟春茶的萌芽期，并导致春茶减产。对于江北茶区，或江南海拔较高的山区茶园，冬季易发生冻害，宜在春茶后修剪，如树冠表层枝叶明显受冻时则应在早春修剪。夏秋降雨少，气温高，干旱时间长的地区，不宜在干旱季节到来前，如夏茶后进行轻修剪，否则剪后的枝条容易灼伤，茶芽萌发少而慢，严重影响茶叶的产量和树势的恢复。

（三）深修剪

深修剪又称回剪，是一种树冠改造的措施。茶树经过多次的采摘和轻修剪后，树高增加，树冠面上发生许多浓密而细小的分枝，俗称"鸡爪枝"或结节枝。这种枝条养分运输不畅，容易枯死；由于枝条细小，育芽能力弱，发出的新梢瘦小，对夹叶多，致使茶叶产量和品质下降。这时就必须采用深修剪，剪去"鸡爪枝"，降低树冠高度，复壮树势，提高茶树育芽能力。

1.深修剪方法

深修剪的深度以剪除"鸡爪枝"为原则（图5-3），一般剪去树冠表面10～15cm的枝叶。深修剪一般安排在春茶结束后进行，按树冠形状用修剪机剪去表层枝叶。深修剪后茶树叶面积锐减，甚至没有，应留养一季夏茶。对于采摘大宗茶的茶园，秋茶可打顶轻采；对于采摘名优茶的茶园，留养夏茶和前期秋茶，7月中下旬轻修剪，秋末采制名优茶。茶树深修剪后，新形成的生产枝较未剪前略有增粗，育芽能力有所增强，为控制树冠高度，应与轻修剪相配合。一般深修剪后应每年或隔年轻修剪一次，轻修剪数年后深修剪（回剪）一次。这样轻修剪和深修剪交替进行，可使采摘面上较长时间保持旺盛的生长枝，延长茶树的高产优质年限。

图5-3　茶树深修剪示意图

另外，茶树深修剪后，茶行两边未剪到的枝条应用单人采茶机及时进行修整；最好还能用整枝剪进行疏枝，即剪去树冠内部和下部的病虫枝、细弱枝和枯老枝，以减少茶树养分消耗，进一步提高茶叶产量和品质。

2.深修剪周期

茶树深修剪的周期视茶园管理水平和茶树蓬面生产枝育芽能力的强弱而定。管理水平高，生产枝育芽能力强的，可适者延长深修剪的周期；相反，则应缩短深修剪的周期。茶树深修剪后由于对茶树的刺激较深和留养，对当年茶叶产量有一定的影响，有的甚至对次年产量也有影响。如冯禹潮对 9 龄和 12 龄茶树深修剪的试验表明，当年产量分别比修剪前降低 42.7% 和 38.7%，次年分别减产 13.9% 和 17.3%，当第三年时才分别增产 19.4% 和 10.5%。但是，修剪对茶叶品质的作用是十分明显的，修剪后的茶树，新梢百芽重、持嫩性和正常芽叶比例明显提高，氨基酸含量增加，而茶多酚则有所降低；修剪对茶叶品质的刺激作用则随修剪后时间的延长而降低。可见，深修剪对茶叶产量和品质的效应是有差异的。为此，在确定深修剪周期时，应根据采摘目标有所不同。对于采摘大宗茶，对茶叶产量有较高要求时，深修剪周期一般控制在 5 年左右；对茶叶品质要求较高的茶园，特别是采摘名优茶的茶园，深修剪周期应适当缩短，一般可控制在 2～3 年，夏秋茶培养不采的名优茶园，甚至可以每年深修剪 1 次，由于夏秋茶培养积累的养分和腋芽较多，翌年春茶品质好，产量也较高；对于量质并重的茶园，深修剪的周期以 4 年为宜。

（四）重修剪

茶树经过多年的采摘和多次轻、深修剪，上部枝条的生活力逐渐降低，表现为发芽力不强，芽叶瘦小，对夹叶比例增多，轮与轮的间歇期延长，茶叶产量和品质下降，即使加强肥培管理或进行深修剪处理，也难以收到较好的效果。对于这类树冠虽然衰老，但骨干枝及有效分枝仍有较强生育能力，树冠上有一层绿叶层的茶树，或因常年缺少管理，生长势尚强，但树冠较高，不采取较重的修剪办法已不能压低树冠的茶树，应进行重修剪，改造树冠，恢复树势。

1.重修剪的方法

重修剪一般剪去树冠的 1/3～1/2，通常是离地 40～50cm 剪去地上部树冠（图 5-4）。重修剪一般在春茶后进行。剪后 2～3 个月，当新梢长到 20cm 以上，新梢基部 5cm 左右半木质化时，在重修剪剪口基础上提高 5～10cm 进行一次定型修剪，秋末气温降低，新梢进入休眠期时进行一次轻修剪，第二年可正常采摘。

图5-4　茶树重修剪示意图

重修剪的方法有两种，一种是在设定的高度用修剪机将上部枝叶全部剪去；另一种是在每丛茶树的边缘留3～5根骨干枝不剪（对于大叶种茶树，要求留下的枝条上含100～150张成熟叶片），其余枝条全部剪（砍）去，经过1个多月的生长，当修剪枝条长出新梢后，再在同样的高度剪去留下的枝条，这种方法叫留枝回剪法或肺形修剪法。我国绝大多数茶区采用的是第一种平剪法，这种方法简便、省工，但某些热带国家，如印度、斯里兰卡和肯尼亚等大力推荐肺形修剪法。我国广东、云南等热带地区，由于气候温暖，茶树全年生长，无明显的休眠期，茶树体内的贮藏养分较低，留下的枝条不仅可以光合作用提供养分，促进新梢的萌发和生长，而且能促进根系对水分和养分的吸收利用，减少茶蓬的干枯和死亡，加速茶树机体创伤的愈合与新梢的萌发生长。

2.重修剪周期

茶树重修剪的周期与茶树生长势，重修剪与轻、深修剪的配合，以及茶园肥培管理措施等有关。一般来说，茶树重修剪后，当年因留养较多，产量有所降低，但翌年茶叶产量有所提高，特别是茶叶品质明显提高，第三年产量可比剪前提高20%左右，第四年、第五年茶叶产量仍然较高，但树冠表层生产枝变细，茶叶品质下降，应采用深修剪更新树冠。所以，对于采摘大宗茶的茶园，深修剪周期为4～5年时，重修剪的周期以9～10年，中间进行1次深修剪为宜；对于采摘名优茶的茶园，深修剪周期为2～3年时，一个重修剪周期内以进行2～3次深修剪为宜。修剪的剪口可略高或略低于上次的剪口，以保持剪口附近枝条有较强的育芽能力；对于夏秋茶不采的茶园，生产上常每年进行重剪，这种剪法从长远看可能对茶树的持续生产能力有一定的影响，但有待于进一步研究。

3.重修剪时间

茶树重修剪何时为好？除留枝回剪法外，重修剪后的树冠不留任何枝叶，茶树必须依靠体内贮藏的营养物质恢复树势，而树势恢复的快慢及修剪的效应则与贮藏养分含量的高低呈正相关。因此，从理论上讲，在茶树体内养分含量最高时进行重修剪是最好的。在我国大部分茶区，四季分明，茶树体内的贮藏物质以春茶萌动前最高，所以，从有利于剪后茶树的恢复来说，常推荐春茶前修剪。但是，修剪的目的是为了获得最大的经济效益。由于春茶的产值一般占全年总产值的 60% 以上，名优茶产区甚至高达 80%～100%，春茶前修剪损失了当年的春茶，所以生产上常推荐将重修剪推迟到春茶结束后进行。重修剪时间的掌握应特别注意如下几点。

（1）茶树根系要有足够的贮藏养分。原则上重修剪时根部筷子粗细的侧根淀粉含量要求达到 12% 以上。可用碘试剂法检测，如根系研磨液遇碘颜色为深蓝色说明根系淀粉含量较高，可以修剪；如为浅蓝色甚至淡黄色，则不宜修剪。对这类体质虚弱的茶树，要求推迟一年修剪，当年夏秋茶以留养为主。如留养夏茶（二茶）和三茶，采四茶；或采二茶，留养秋茶（三茶和四茶）。

（2）春茶结束后立即进行。对于春茶后重剪的茶树，宜适当提早结束春茶后立即重剪。重剪太迟不仅不利于茶树的恢复，而且对茶叶产量和品质影响也较大。重修剪越迟对翌年春茶产量和品质的影响越大，如夏茶结束后 15d 修剪与春茶结束后立即修剪相比，翌年春茶的产量降低了 68.9%，第三年春茶产量减少 40.4%，两年合计减产 54.1%；茶叶品质无论是内质还是外形也均有降低，感官品质得分平均降低 4.4%。

（五）台刈

台刈是一种彻底改造树冠的方法。茶树枝干灰白，或枝条上布满苔藓、地衣，叶片稀少，多数枝条丧失育芽能力，产量低，即使增施肥料或重修剪改造，也很难达到较好的增产提质效果，对于这类树冠十分衰老的茶树，实施台刈更新树冠。

衰老茶树台刈，一般在根颈处或离地 5～20cm 处剪去全部枝条（图 5-5）。台刈要求剪口光滑，倾斜，切忌砍破桩头，以防止切口感染病虫，或滞留雨水，影响潜伏芽的萌发。所以，台刈应用锋利的弯刀斜劈或拉削，或用圆盘式台刈机切割,以利伤口愈合和抽发新枝。台刈的茶园往往产量较低,为有利于树势恢复,台刈时间以春茶前为好。台刈后的茶树会抽发大量的新枝,为培养骨干枝,最好进行疏枝,留下粗壮的 5～8 枝,保留新枝当年留养,第二年春茶前或春茶后离地30～35cm 进行定型修剪,以后打顶轻采,第三年离地45～50cm 再定型修剪一次,春茶打顶轻采,夏秋茶留叶采摘,第四年起轻修剪,开始正常采摘。

图5-5　茶树台刈示意图

生产实践和大量的试验研究表明,台刈虽能明显降低茶树地上部阶段发育年龄,更新树冠,促进营养生长,但台刈后抽发的新枝多而密,骨干枝的培育较为困难,树冠表层生长的芽叶较为细弱,茶叶产量的恢复缓慢。另外,经常台刈的茶树树冠矮小,茶园裸露面积大,水土流失严重,从而影响茶叶生产的可持续发展。因此,对于骨干枝粗壮,生育能力较强的茶树,不要轻易进行台刈,而宜采用重修剪改造树冠。对于十分衰老的有性系茶树,采用换种改植的方法发展无性系良种则能收到更好的效果。

（六）茶树修剪与其他农技措施的配合

综上所述,茶树修剪是树冠培养的重要技术措施,但最佳修剪效果的发挥不仅与修剪本身的技术有关,还与其他农业技术措施有密切的关系。其他农业技术措施配合得当,有利于茶树树冠的培养,甚至起到事半功倍的效果;相反,则可能产生抑制作用。这些农业技术措施主要包括肥水管理、合理采摘和病虫防治等。

1.加强肥水管理

修剪对茶树来说是一种创伤,茶树剪口的愈合和新梢的萌发生长,在很大程度上有赖于树体内贮藏的营养物质,特别是根部贮藏的养分。根部贮藏的养分多,剪后茶树恢复快。一般来说,根部筷子粗细的侧根淀粉含量要求12% 以上,才允许重剪或台刈。如在缺肥少管的条件下修剪,茶树养分消耗加速,反而会加快树势的衰败,达不到改树复壮的目的。生产上某些茶园改造后，枝条枯死现象严重，主要是由于茶树体内养分不足造成的。所以，生产实践中常有"无肥不改树"的说法。为了保证茶树根部有足够的养分供应，修剪前应施入较多的有机肥或复合肥，一般农家有机肥施用量应15～30t/hm²，或茶树专用复合肥（氮、磷、钾总养分25%）1.5t/hm²左右；修剪后待新梢萌发时，及时追施催芽肥。只有这样，才能促使新梢旺盛生长，充分发挥修剪的效果。重修剪或台刈的茶园，茶树经过多年的生长，土壤渐趋老化，养分往往不平衡，有时由于水土流失等，土层较薄，自然肥力水平低，更要加强肥培管理。

修剪下的枝叶含有茶树生长所需的各种营养元素，是很好的有机肥，腐烂后对提高土壤肥力有一定的作用，不仅如此，茶树修剪后，特别是重修剪或台刈后，行间裸露面积大，修剪枝叶又是很好的地面覆盖物，对于减少水土流失和杂草生长也有明显的作用。所以，对于没有严重病虫危害的修剪枝叶应留在茶园内。

2.留养与采摘相结合

处理好留养与采摘的关系是修剪茶园最重要的管理内容之一。幼龄茶树骨干枝和树冠骨架的形成主要依靠3次定型修剪。第一次定型修剪后的茶树分枝和叶片少，应顺其生长，只留不采；第二次定型修剪后，可以适当打顶；第三次定型修剪的茶树可打顶轻采，以留养为主。只顾眼前利益，不适当地早采或强采会造成枝条细弱，树势早衰，茶树像"小老头"，无法形成优质高产的树冠。对于春茶后深修剪的茶树，剪后茶树叶面积锐减，应留养一季夏茶，秋茶适当打顶轻采；对于树势较弱的茶树，则夏秋茶均应留养，以利于树势的恢复和提高翌年春茶产量。对于重修剪和台刈的茶树，新梢生长比较旺盛，叶片大，节间长，芽叶粗壮，对培养再生树冠十分有利，进行定型修剪，切忌为追求眼前利益，进行不合理的早采或强采，从而影响修剪的效果。

3.及时防治病虫害

茶树修剪后，留下的剪口容易感染病菌或害虫入侵；剪后再生的新梢持嫩性强，枝叶繁茂，也为病虫滋生提供了良好的条件，极易发生病虫危害。所以，茶树修剪后应及时进行病虫防治。首先，对于危害严重，容易扩散传播的病虫枝条应及时运出园外，集中处理；其次，对于重修剪或台刈的茶树，特别是南方种植的乔木型大叶种，最好用波尔多液或杀菌剂涂抹剪口，防止伤口感染；第三，在新梢再生阶段，对为害幼嫩新梢的病虫，如茶蚜、茶小绿叶蝉、茶尺蠖、茶细蛾、茶卷叶蛾和芽枯病等必须及时检查防治，以确保新梢正常生长。

除了上述施肥、留养、病虫防治等管理措施外，其他茶园管理措施也应积极配合运用，如铺草、灌溉、耕作等，只有这样，才能获得最佳的修剪效果，促进茶叶的优质、高效和持续发展。

第二节　茶叶采摘

采摘质量好、数量多的鲜叶是茶树种植之目的。茶树是常绿植物，芽叶在萌发伸展过程中，一年具有多次性和季节性，茶叶采摘比其他农作物收获复杂得多。茶叶既是采摘的对象，又是光合作用的器官；茶叶的产量和品质常呈反比的关系，鲜叶采得老，产量高，但质量相对降低。因此，合理采摘茶叶，管好鲜叶，不仅直接关系到茶叶产量的高低和制茶品质的优劣，而且影响茶树生长的盛衰和经济寿命的长短，对茶叶生产的短期目标和长远利益均有十分重要的影响。

一、茶叶采摘的基本原则

茶叶合理采摘是指在一定的环境条件下，通过采摘技术，控制茶树的生殖生长，促进营养生长，协调采与留、量与质之间的矛盾，以保障鲜叶质量和茶树长势的规范采摘要求，达到茶叶优质高产和持续生产之目的。了解茶树新梢生长发育的生物学特性，以及与采摘的相互关系，对于制定采摘原则、实现合理采摘十分必要。

根据茶树采摘的生物学基础，即新梢生长特性、叶片生育与消长规律、地上部和地下部生长相互关系的基本规律，茶叶合理采摘必须遵循以下原则。

1.采留结合

芽叶是茶树的营养器官，采去新生的芽叶，减少了光合叶面积，如果强采，留叶过少，会降低光合作用，削弱有机物质的形成和积累，影响整株茶树芽叶的萌发。但留叶过多，或不及时采去顶芽和嫩叶，首先是产量降低；

如留叶过多，导致树冠太密，中下层叶片光合作用弱，呼吸作用强，同样会影响茶叶产量。所以，采摘的同时应注意适量、适时留叶，保证每年有一定数量的新生叶片留在茶树上。科学研究和生产实践表明，茶树的叶面积指数在 3～4 时，茶叶高产、稳产的年限较长。

2.量质兼顾

茶叶作为一种商品，不但要求数量多，而且要求质量好。成品茶质量的高低虽受加工技术的影响，但主要取决于鲜叶的质量。在新梢生长过程中，随着叶片数目的增加，新梢重量显著增加，如以芽的重量为 100%，则 1 芽 1 叶的重量为 271%，1 芽 2 叶为 500%，1 芽 3 叶为 1157%，1 芽 4 叶高达 1771%。茶叶品质也随着新梢的生长而变化，一般来说，芽叶越嫩，茶多酚和氨基酸等营养物质含量越高，但水浸出物以 1 芽 2～3 叶时较高。

3.因地、因时、因树制宜

茶树不同品种、不同树龄、不同季节新梢的生长情况及采摘要求是不一样的，如幼龄茶树及改造茶树应打顶轻采，多留少采，以培养树冠为主；对成龄茶树应按标准采，采留结合。春季气温低，新梢生长较慢，可分批多次采摘；而夏秋季新梢生长较快，采摘可相对集中。另外，不同的茶类对鲜叶的品质要求不同，采摘茶叶的质量和数量还应与加工条件相适应。因此，茶叶采摘必须根据茶树生长情况和所制茶类要求的不同，因地、因时、因树制宜，灵活掌握。

4.与其他栽培技术措施相互配合

茶叶采摘与其他栽培技术措施有密切的关系，相互配合能提高茶叶产量和品质，提高劳动生产率，降低生产成本。与采摘关系最密切的栽培技术措施包括肥培管理和修剪，加强肥培管理能促进新梢萌发快长，增强新梢持嫩性，提高采摘质量；修剪可在一定程度上调节芽叶的萌发，调整采摘时间。另外，病虫防治也必须与采摘相配合，切忌在即将采茶前喷施化学农药，以免茶叶农药残留超标。

当前在茶叶生产中，茶叶采摘有两种倾向要防止：一种是只顾眼前利益，忽视茶树生长的基本要求，实行强采、捋采，结果造成茶树越采越小，产量和品质日趋下降，无法获得种茶的最大经济效益；另一种是采摘不及时，或留叶过多，茶树生长虽好，但失去了栽培茶树的意义。合理采摘就是根据茶树生长的特点，正确解决好茶树采与留的关系，通过采摘，做到提高产量与改进品质相结合，当年、当季增产与延长茶树经济寿命相结合。

二、茶叶采摘技术

我国茶类丰富，不同茶类对鲜叶有不同的要求，导致茶叶采摘技术也各不相同。但不管什么茶类，要获得茶叶的优质、高产和可持续生产，在采摘技术上都离不开采摘标准、采摘时期和采摘方法等技术环节。

（一）采摘标准

采摘标准是根据茶树生育和茶类要求对新梢采摘的技术标准，它包括芽叶的嫩度、匀净度、含水率等指标，其中以芽叶嫩度最为重要。采摘芽叶嫩度的确定主要取决于制茶类型。我国茶类众多，是世界上茶类最丰富的国家，不同茶类采摘标准各不相同，但大体上可归纳为4种类型。

1.细嫩采

这是高档名优茶的采摘标准。采摘单芽、1芽1叶和1芽2叶初展的新梢，如高级西湖龙井、洞庭碧螺春、黄山毛峰和开化龙顶的采摘。这种采摘标准花工大，产量不高，且季节性强，大多在春茶前期实施。

2.适中采

大宗红、绿茶的采摘标准。手工采摘主要采摘1芽2～3叶及幼嫩驻芽2～3叶；机采标准较手工采摘稍老，正常芽叶采1芽3～4叶为主。这种采摘标准，茶叶产量高，品质也好，是目前常用大宗红绿茶、普洱茶的采摘标准。

3.成熟采

边销茶的采摘标准。一般待新梢基本成熟时，采摘1芽4～5叶与对夹3～4叶，如茯砖茶、黑茶等的采摘。这种采摘标准与边疆少数民族独特的消费习惯有关，如藏民常将茶叶进行熬煮，并掺和酥油与大麦粉后饮用，所以，要求滋味醇和，回味甜润。采摘成熟新梢容易达到这一要求。

根据气象规律和新梢生育特点，结合对芽叶等级要求，采用多茶类组合生产的方式进行采摘往往能获得较高的经济效益。如春茶前期采制高档名优绿茶，后期采摘大宗绿茶，夏季采摘红茶，秋季又采摘名优和大宗绿茶，这种方式由于考虑到鲜叶的制茶类型，可以充分发挥原料的经济价值。

（二）采摘时期

在我国气候条件下，大部分茶区，茶树生长具有明显的季节性。如江北茶区（山东日照）新梢生长期为5月上旬到9月下旬，江南茶区（浙江杭州）从3月下旬到10月中旬，西南茶区（云南勐海）从2月上旬到12月中旬，华南茶区（广东、海南岛）从1月下旬到12月下旬。可见，采茶时间短的仅为5个月，长的可达10个月以上。

一般来说，地处亚热带的茶区，大都分春、夏、秋三季采茶。但茶季的划分没有统一的标准，有的以时令分：清明至小满为春茶，小满至小暑为夏茶，小暑至寒露为秋茶；有的以时间分：5月底以前采收的为春茶，6月初至7月上旬采收的为夏茶，7月中旬开始采收的为秋茶。地处热带的我国华南茶区，除了春、夏、秋茶外，还有以新梢轮次分的，依次称为头轮茶、二轮茶、三轮茶……

采摘周期是指每季或每批茶间隔的时间。手采应按标准适时、分批、多次采摘，采摘周期较短，以提高茶叶品质和产量。一般头轮茶每隔4～5d采摘一批，二至四轮茶的间隔期为3～4d，五至六轮茶为5～6d。机采茶园则采摘周期大大延长，一般每年只采4～5次，其中春茶2次，夏茶1次，秋茶2次。边销茶的采摘周期则更长，一般一年只采1～2次。

（三）留叶时期

在及时、按标准分批采摘芽叶的同时，树冠上还应留有一定数量的成熟叶片，以保证下一批芽叶萌发时有足够的光合产物，促进茶叶生产的持续健康发展。

茶树什么时候留叶好，应与茶树生长情况、气候条件及经济效益等因素综合考虑。据杭州地区试验，留叶对当季和下季产量有一定的影响，但对隔季产量有促进作用。这是因为留叶当季不但因留叶减少了产量，而且留下的新叶在未成熟前，对营养的消耗总是大于积累，尽管叶面积增加了，但当季产量降低，到下季才会有所回升，隔季才能增产。结合我国绿茶主要产区情况，春季气候温和，雨量充沛，光照适宜，茶树根系又有丰富贮藏物质的供应，营养充足，所以春梢发芽多，效益高。以采为主的成年茶树，一般可在春季后期适当留叶采摘，提倡夏留一叶采，秋茶适当留叶，能为翌年春茶萌发提供 70% 左右的能源。高山茶园或低丘生长不良的茶园，也应采用春茶后期留叶采，夏秋茶少采或不采，实行提早封园，集中留养。对于一年采 4 次的机采茶园，留养三茶和四茶，四茶末期剪平茶树是较好的留叶方法。

茶树在年生育周期中，留叶过多过少都不好。多留叶，虽可使茶树高大广阔，但分枝少，发芽稀，花果多，经济产量不高；少留叶，虽在短期内有早发芽，多发芽，近期内可能获得较高产量，但由于留叶少，光合作用面积减少，养分积累不足，茶树易未老先衰。茶树留叶多少，一般常用叶面积指数来衡量，成龄采摘茶园的叶面积指数以 3～4 为宜。在生产实践中，茶区群众的经验是：留叶数量一般以"不露骨"为宜，即以树冠的叶子相互密接，见不到枝干为适量。

（四）采摘方法

茶叶采摘方法可分手采和机采两种。手采是手工采摘茶叶的采茶方法，机采是用机器采摘茶叶的采茶方法。手工采茶是目前我国的名优茶采摘的主要方式，具有采摘精细、批次多，采期长、质量好，有利于树冠培养和延长经济年限等优点；但也存在用工多、工效低等缺点。由于采摘劳动力日趋紧张，且采摘工资连年提高，手采正面临着巨大的挑战。机采则能极大地提高采摘效率，降低采摘成本，一般工效可提高 13 倍，成本降低 50% 以上。但机采的茶叶破碎多、混杂、茎梗率高，茶叶质量较差。目前，名优茶采摘以手采为主，大宗茶采摘则基本实现了机采，名优茶机采是茶园采摘的必然趋势。

1.手工采摘

手工采摘的基本方法按茶树采摘的程度可分为打顶采摘法、留真叶采摘法和留鱼叶采摘法。

打顶采摘法又称打头、养蓬采摘法。这是一种以养为主的采摘方法，适用于扩大树冠阶段的茶树。通常在新梢长到 1 芽 5～6 叶以上，或者新梢将要停止生长时，实行采高养低，采顶留侧。一般采去顶端 1 芽 1～2 叶，留下新梢基部 3～4 片真叶，以进一步促进分枝，扩展树冠。

留鱼叶采摘法。一种以采为主的采摘方法，也是成龄茶园的基本采法，适合名优茶和大宗红绿茶的采摘。具体采法是当新梢长至 1 芽 1～2 叶或 1 芽 2～3 叶时，留鱼叶采摘芽叶。

留真叶采摘法。一种采养结合的采摘方法，既注重采，也重视留，具体采法视树龄、树势而定。一般待新梢长至 1 芽 3 ～ 4 叶时，采摘 1 芽 2 叶为主，兼采 1 芽 3 叶，留下 1 ～ 2 片真叶，但遇 2 ～ 3 叶幼嫩驻芽时，则只留鱼叶采摘，强调采尽对夹叶。

手采的方式，即采摘的动作，因手掌的朝向和手指对新梢着力的不同，形成各种不同的方式，如折采、捋采、扭采、提手采、双手采等。折采，又称掐采，是对细嫩标准采摘所应用的手法。左手接住枝条，用右手的食指和拇指夹住细嫩新梢的芽尖和 1 ～ 2 片细嫩叶，轻轻地用力将芽叶折断采下。凡是打顶采、撩头采都采用这种方法，此法采摘量少，效率低。提手采是手采中最普遍的方式，现大部茶区的红绿茶，适中标准采，大都采用此法。掌心向下或向上，用拇指、食指配合中指，夹住新梢所要采的节间部位向上着力采下茶叶。双手采是两手掌靠近在采摘面上，运用提手采的方法，双手相互配合，交替进行，把标准芽叶采下。双手采效率高应大力提倡。茶叶采摘要求保持芽叶完整、新鲜、匀净，不夹带蒂头、茶果和老枝叶。

2.大宗茶机采

大宗茶机采已基本成熟。常用的往复式采茶机有单人采茶机和双人采茶机两种，其中双人采茶机的效率比单人采茶机高。所以，在双人采茶机无法使用的梯级茶园使用单人采茶机，而缓坡和平地茶园使用双人采茶机。如图5-6、图 5-7 所示。

图5-6　双人采茶机图

图5-7　单人采茶机

双人采茶机作业时 4 人一组，每次由 3 人配合工作，无汽油机的一侧为主机手，另一侧为副机手，主机手倒退走，控制油门、离合器手柄；副机手侧行，落后主机手约 45cm，使刀片弧度与采摘面吻合。当茶树蓬面宽度超过 1m 时，来回各采 1 次，但要防止树冠中心被重复采摘。中小叶种茶树树冠采用弧形采茶机，大叶种平面树冠采用平形采茶机。进刀高度根据留养要求掌握，一般以留鱼叶采或在上次采摘面上提高 1 ~ 2cm 采摘。

单人采茶机工作时 2 人配合作业，操作者背负汽油机，手持采茶机头。工效较高的采摘方式是操作者倒退行走，采茶机头从茶行边部向中间运动，并与操作者的姿势相适应。集叶者前进，使集叶袋配合采茶机头的运动，避免剪破集叶袋。

茶树机采由于不像手采那样具有选择性，因此，对树冠采摘面的要求较高，机采对树势的影响也较大，为充分提高机采茶叶的质量和机采茶园的可持续生产，应特别做好修剪、施肥和留养等配套技术措施。

3. 名优茶机采

由于劳动力日益紧缺及采摘工资不断提高，名优茶采摘难已成为当前名优茶生产迫切需要解决的问题，机采是必然的发展趋势。但到目前为止，该难题仍在试验研究中。要实现名优茶机采，需要从下列方面考虑。

转变对名优茶的看法。生产者需要转变观念，关于原料嫩度，名优茶并不一定要求是 1 芽 1 叶或 1 芽 2 叶初展，1 芽 2 ~ 3 叶也可以加工名优茶；关于名优茶品质，应更重视内质，而非外形。

培养高标准机采树冠。对于准备进行名优茶机采的茶园，首先要选择发芽整齐、芽叶均匀一致的无性系良种。骆耀平的研究结果表明，节间较长、展叶角度较大的无性系品种更适合机采。其次，通过修剪平整茶树蓬面，加强茶园肥水管理等，使茶树萌发的新梢更整齐一致，为机采奠定良好的基础。

研制新型名优茶采茶机。这方面的工作正在进行中，如根据石元值的研究表明，适当调节现有双人采茶机的刀片高度及朝向，能提高名优茶采摘的质量，明显减少老叶和碎片的比例。可见，名优茶采茶机的研制成功是有希望的。

改进机采技术。掌握名优茶机采适期是提高机采质量的关键。研究表明，如以 1 芽 1 ~ 2 叶作为名优茶采摘的标准时，当茶树蓬面的标准芽叶比例达 80% 左右时机采，获得的标准芽叶比例最高，而断碎叶最少，可作为机采适期。

改进加工工艺及技术。名优茶加工应适合机采的需要，如通过鲜叶分筛机，将部分破碎的机采叶剔除后再进行加工，可以使所制茶叶更符合名优茶的品质特征。

对于广大茶农来说，不可能全部按上述要求去研究，但至少部分可按这些方向先考虑起来。如在发展新茶园和换种改植时，种植适合机采的品种；树冠采摘面和行间地面尽可能平整些，以为不久的将来名优茶机采创造良好的条件。

三、鲜叶验收与贮运

鲜叶的验收与贮运是鲜叶管理的重要环节，它不仅对指导茶叶采摘标准，提高采摘人员的积极性有很大的帮助，而且直接关系到茶叶加工质量的高低。

（一）鲜叶验收

从茶树上采下的鲜叶由于品种、树龄、土壤以及采法不同，采下芽叶的大小和嫩度有一定的差异，对其进行适当分级验收有利于按级加工，提高茶叶品质；对于按质论价，提高采摘技术，调动采工采摘优质茶的积极性也有作用。

鲜叶采下后，收青人员要及时进行验收。从茶篮中取具有代表性的芽叶，根据芽叶的嫩度、匀度、净度、鲜度4个因素，对照鲜叶分级标准，评定等级，并称重、登记。对不符合采摘要求的，应及时向采工提出改进意见。

嫩度：是鲜叶分级验收的主要依据。根据茶类对鲜叶的要求，依芽叶的多少、长短、大小、嫩梢上叶片数和开展程度，以及叶质的软硬、叶色的深浅等评定等级。一般红、绿茶对嫩度的要求，以1芽2叶为主，兼采1芽3叶和细嫩的对夹叶。

匀度：指同批鲜叶的物理性状的一致程度。凡品种混杂，老嫩大小不一，雨、露水叶与无表面水叶混杂的均影响制茶品质，评定时应根据均匀程度适当考虑升降等级。

净度：指鲜叶中夹杂物含量的多少。凡鲜叶中混杂有茶花、茶果、老叶、老梗、鳞片，以及非茶类的虫体、虫卵、杂草、沙石、竹片等物的，均属不净，轻的应降低等级，重的应剔除后才予验收，以免影响茶叶品质。

鲜度：指鲜叶的光润程度。叶色光润是新鲜的象征，凡鲜叶发热红变，有异味、不卫生以及有其他劣变者应拒收，或视情况降级。

鲜叶验收时要看、触、嗅相结合，以鉴别鲜叶的嫩度、匀度、净度和新鲜度，评定等级，称重过磅，登记入册。质量不一的鲜叶，分开摊放，分别贮青，分别加工。应做到五分开：即不同品种鲜叶分开，晴天叶与雨水叶分开，隔天叶与当天叶分开，上午叶与下午叶分开，正常叶与劣变叶分开。并按级归堆，以利初制加工，提高茶叶品质。

茶类不同，分级标准有异。如龙井茶鲜叶嫩度要求高，以正常芽叶的百分比和芽叶长度为分级标准（表5-3），而一般大宗红、绿茶及乌龙茶以芽叶机械组成为分级标准（表5-4、表5-5）。鲜叶分级在具体实施时，应综合考虑芽叶各方面的因素，不能单凭芽叶机械组成状况，而应兼顾芽叶的色泽、软硬、大小、长短等状况，综合评定等级。

表 5-3　龙井茶不同级别的鲜叶标准

等级	要求
特级	1芽1叶初展，芽叶夹角小，芽长于叶，芽叶匀齐肥壮，芽叶长度不超过2.5cm
一级	1芽1叶至1芽2叶初展，以1芽1叶为主，1芽2叶初展在10%以下，芽长于叶，芽叶完整、匀净，芽叶长度不超过3cm
二级	1芽1叶至1芽2叶，1芽2叶在30%以下，芽与叶长度基本相等，芽叶完整，芽叶长度不超过3.5cm
三级	1芽2叶至1芽3叶初展，以1芽2叶为主，1芽3叶不超过30%，叶长于芽，芽叶完整，芽叶长度不超过4cm
四级	1芽2叶至1芽3叶，1芽3叶不超过50%，叶长于芽，有部分嫩的对夹叶，长度不超过4.5cm

注：引自《龙井茶》国家标准（GB18650）。

表 5-4　炒青绿茶部分级别鲜叶品质要求

单位：%

级别	感官指标				芽叶组成		
	嫩度	匀度	净度	鲜度	1芽2～3叶	1芽3～4叶	单片
一级	色绿微黄，叶质柔软，嫩茎易折断。正常芽叶多，叶面多呈半展开状	匀齐	净度好	新鲜，有活力	40以上	55以上	10以下
三级	绿色稍深，叶质稍硬，嫩茎可折断。正常芽叶尚多，叶面呈展开状	尚匀	净度尚好	新鲜，尚有活力	20～29	35～44	19～26
五级	深绿稍暗，叶质硬，有刺手感。单片对夹叶较多	欠匀齐	有老叶	尚新鲜	1～9	15～24	35～44

注：引自商业部行业标准（ZBB35001）。

（二）鲜叶贮运

贮运为鲜叶采摘后加工前的贮放和运输作业。为保持鲜叶的新鲜度，防止发热红变，采下的鲜叶应快装快运给茶厂验收、加工。装运鲜叶的器具要保持清洁卫生，通气良好。生产实践表明，目前广泛采用的竹编网眼篓筐是较好的盛装鲜叶的器具，既通气又轻便，一般每篓可装叶 25 ～ 30kg。盛装时切忌挤压过紧，严禁利用不透气的布袋或塑料袋装运鲜叶，并防止日晒，否则芽叶容易红变，品质降低，甚至变成废品。

鲜叶应贮放在低温、高湿、通风的场所，适于贮放的理想温度为 15℃以下，相对湿度为 90% ～ 95%。春茶摊放鲜叶一般要求不超过 25℃，夏秋茶不超过 30℃。据试验，当叶温升高到 32℃时，鲜叶开始红变；叶温升高到 41℃时，有 1/4 红变；叶温升至 48℃时，则几乎全部红变。鲜叶在贮运期间应经常检查叶温，如有发热应立即翻拌散热，翻拌动作要轻，以免鲜叶受伤红变。

鲜叶贮放的厚度，名优茶 2 ～ 5cm，大宗春茶 15 ～ 20cm，夏秋茶 10 ～ 15cm 为宜，具体则根据气温高低、鲜叶老嫩和干湿程度灵活掌握。气温高时要薄摊，气温低时可略厚些；嫩叶薄摊，老叶略厚；雨天叶薄摊，晴天叶略厚。

第六章

病害管理

第一节　常见茶树病害防治

一、茶树叶部病害

（一）茶饼病

茶饼病又名疱状叶病、叶肿病、白雾病，是嫩芽和叶上重要病害，对茶叶品质影响很大，分布在全国各茶区。

1.主要症状

茶饼病主要为害嫩叶、嫩茎和新梢，花蕾、叶柄及果实上也可发生。嫩叶染病初现淡黄色至红棕色半透明小斑点，后扩展成直径 0.3 ～ 1.25cm 的圆形斑，病斑正面凹陷，浅黄褐色至暗红色，背面凸起，呈馒头状疱斑，其上具灰白色或粉红色或灰色粉末状物，后期粉末消失，凸起部分萎缩形成褐色枯斑，四周边缘具一灰白色圈，似饼状，故称茶饼病。发病重时一叶上有几个或几十个明显的病斑，后干枯或形成溃疡。叶片中脉染病病叶多扭曲或畸形，茶叶歪曲、对折或呈不规则卷拢。叶柄、嫩茎染病肿胀并扭曲，严重的病部以上的新梢枯死或折断。

2.发生特点

一般发生期在春、秋季。这一时期茶园日照少，结露持续时间长，雾多，湿度大易发病。而偏施、过施氮肥，采摘、修剪过度，管理粗放，杂草多发会引起病重。品种间有抗病性差异。病害通过调运苗木进行远距离传播。

3.防治方法

（1）进行检疫。从病区调进的苗木必须进行严格检疫，发现病苗马上处理，防止该病传播扩散。

（2）提倡施用酵素菌沤制的堆肥或生物有机肥，采用配方施肥技术，增施磷钾肥，增强树势。

（3）加强茶园管理，及时去掉遮阴树，及时分批采茶，适时修剪和台刈，使新梢抽出期避开发病盛期，减少染病机会，另外及时除草也可减轻发病。

（4）低洼的茶园要及时进行清沟排水。

（5）加强预测预报，及时施药防病。此病流行期间，若连续5d中有3天上午日均日照时数小于3h，或5d日降水量5mm以上时，应马上喷洒20%三唑酮乳油1500倍液，或70%甲基托布津可湿性粉剂1000倍液。三唑酮有效期长，发病期用药1次即可，其他杀菌剂隔7～10d用药1次，连续防治2～3次。非采茶期和非采摘茶园可喷洒12%绿乳铜乳油600倍液或0.3%的96%硫酸铜液或0.6%～0.7%石灰半量式波尔多液等药剂进行预防。

（二）茶白星病

1.主要症状

茶白星病主要为害嫩叶、嫩芽、嫩茎及叶柄，以嫩叶为主。嫩叶染病初生针尖大小褐色小点，后逐渐扩展成直径1～2mm大小的灰白色圆形斑，中间凹陷，边缘具暗褐色至紫褐色隆起线。湿度大时，病部散生黑色小点，病叶上病斑数达几十个至数百个，有的相互融合成不规则形大斑，叶片变形或卷曲。叶脉染病叶片扭曲或畸形。嫩茎染病病斑暗褐色，后成灰白色，病部亦生黑色小粒点，病梢节间长度明显短缩，百芽重减少，对夹叶增多。严重的蔓延至全梢，形成梢枯。

2.发生特点

该病属低温高湿型病害，气温16～24℃，相对湿度高于80%易发病。气温高于25℃则不利其发病。每年主要在春、秋两季发病，5月是发病高峰期。高山茶园或缺肥贫瘠茶园、偏施过施氮肥易发病，采摘过度、茶树衰弱的发病重。

3.防治方法

（1）分批采茶、及时采茶可减少该病侵染，减轻发病。

（2）提倡施用酵素菌沤制的堆肥，增施复混肥，增强树势，提高抗病力。

（3）于3月底至4月上旬春茶初展期开始喷洒75%百菌清可湿性粉剂750倍液或36%甲基硫菌灵悬浮剂600倍液、50%苯菌灵可湿性粉剂1 500倍液、

70% 代森锰锌可湿性粉剂 500 倍液、25% 多菌灵可湿性粉剂 500 倍液。

（三）茶芽枯病

1.主要症状

茶芽枯病为害嫩叶和幼芽。先在叶尖或叶缘产生病斑，褐色或黄褐色，以后扩大成不规则形，无明显边缘，后期病斑上散生黑色细小粒点，病叶易破裂并扭曲。幼芽受害后呈黑褐色枯焦状，病芽生长受阻。

2.发生特点

本病是一种低温病害，主要在春茶期发生。4月中旬至5月上旬，平均气温在 15 ～ 20℃，发病最盛。6月以后，气温上升至29℃以上时，病害停止发展。春茶由于遭受寒流侵袭，茶树抗病力降低，易于发病。品种间有抗病性差异，一般发芽偏早的品种，如碧云、福鼎种等发病较重；而发芽迟的品种，如福建水仙、政和等品种发病较轻。

3.防治方法

（1）及时分批采摘，以减少侵染来源，可以减轻发病。做好茶园覆盖等防冻工作，以增强茶树抗病力，减少发病。

（2）在秋茶结束后和春茶萌芽期，各喷药 1 次进行保护。发病初期，根据病情再行防治 1 ～ 2 次。可选用 70% 甲基托布津 75 ～ 100g/667m² （合 1500 倍液）；50% 托布津 100 ～ 125g/667m²（合 1000 倍液）或 50% 多菌灵 100 ～ 125g/667m²（合 1000 倍液），进行防治。

（四）茶云纹叶枯病

茶云纹叶枯病，又称叶枯病，是茶叶部常见病害之一，分布在全国各茶区。

1.主要症状

茶云纹叶枯病主要为害成叶和老叶、新梢、枝条及果实。叶片染病多在成叶、老叶或嫩叶的叶尖或其他部位产生圆形至不规则形水浸状病斑，初呈黄绿色或黄褐色，后期渐变为褐色，病部生有波状褐色、灰色相间的云纹，最后从中心部向外变成灰色，其上生有扁平圆形黑色小粒点，沿轮纹排列成圆形至椭圆形。具不大明显的轮纹状病斑，边缘生褐色晕圈，病健部分界明显。嫩叶上的病斑初为圆形褐色，后变黑褐色枯死。枝条染病产生灰褐色斑块，椭圆形略凹陷，生有灰黑色小粒点，常造成枝梢干枯。果实染病病斑黄褐色或灰色，圆形，上生灰黑色小粒点，病部有时裂开。茶树衰弱时多产生小型病斑，不整形，灰白色，正面散生黑色小点。

2.发生特点

一年四季，除寒冷的冬季以外，其余三季均见发病，其中高温高湿的 8 月下旬至 9 月上旬为发病盛期。一般 7 ～ 8 月，旬均温 28℃ 以上，降水量多于 40mm，平均相对湿度高于 80% 易流行成灾。气温 15℃，潜育期 13d；均温 20 ～ 24℃，潜育 10 ～ 13d；气温 24℃，潜育 5 ～ 9d。生产上土层薄，根系发育不好或幼树根系尚未发育成熟，夏季阳光直射，水分供应不匀，造成日灼斑后常引发该病。此外，茶园遭受冻害或采摘过度、虫害严重易发病。台刈、密度过大及扦插茶园发病重。品种间抗病性有差异，大叶型品种一般表现感病。

3.防治方法

（1）建茶园时选择适宜的地形、地势和土壤；因地制宜选用抗病品种。

（2）秋茶采完后及时清除地面落叶并进行冬耕，把病叶埋入土中，减少翌年菌源。

（3）施用酵素菌沤制的堆肥、生物活性有机肥或茶树专用肥提高茶树抗病力。

（4）加强茶园管理，做好防冻、抗旱和治虫工作，及时清除园中杂草；增施磷钾肥，促进茶树生长健壮，可减轻病害发生。

（5）在 5 月下旬至 6 月上旬，当气温骤然上升，叶片出现早斑时，可喷第一次药以进行保护。7 ～ 8 月高温季节，当旬均温高于 28℃，降水量大于 40mm，相对湿度大于 80% 时，将出现病害流行，应即组织喷药保护。可选用 50% 多菌灵可湿性粉剂 1000 倍液，或 75% 百菌清可湿性粉剂 800 ～ 1000 倍液，或 70% 甲基托布津可湿性粉剂 1500 倍液，或 80% 代森锌可湿性粉剂 800 倍液。安全间隔期相应为 15d、6d、10d 和 14d。非采摘茶园也可喷洒 0.7% 石灰半量式波尔多液。

（五）茶炭疽病

1.主要症状

茶炭疽病主要为害成叶，也可为害嫩叶和老叶。病斑多从叶缘或叶尖产生，水渍状，暗绿色圆形，后渐扩大成不规则形大型病斑，色泽黄褐色或淡褐色，最后变灰白色，上面散生黑色小粒点。病斑上无轮纹，边缘有黄褐色隆起线，与健全部分界明显。

2.发生特点

本病一般在多雨的年份和季节中发生严重。全年以初夏梅雨季和秋雨季发生最盛。扦插苗圃、幼龄茶园或台刈茶园，由于叶片生长柔嫩，水分含量高，发病也多。单施氮肥的比施用氮钾混合肥的发病重。品种间有明显的抗病性差异，一般叶片结构薄软、茶多酚含量低的品种容易感病。

3.防治方法

（1）加强茶园管理。做好积水茶园的开沟排水，秋、冬季清除落叶。

（2）增强抗病力。选用抗病品种，适当增施磷、钾肥。

（3）药剂防治。在5月下旬至6月上旬及8月下旬至9月上旬秋雨开始前为防治适期。在新梢1芽1叶期喷药防治，可选用50%苯菌灵1500～2000倍液，70%甲基托布津1000～1500倍液，有保护和治疗效果。75%百菌清1000倍液也有良好的防治效果。上述农药喷药后安全间隔期为7～14d。非采摘期还可喷施0.7%石灰半量式波尔多液进行保护。

（六）茶轮斑病

茶轮斑病又称茶梢枯死病，分布在全国各产茶区。

1.主要症状

茶轮斑病主要为害叶片和新梢。叶片染病，嫩叶、成叶、老叶均可发病，先在叶尖或叶缘上生出黄绿色小病斑，后扩展为圆形至椭圆形或不规则形褐色大病斑，成叶和老叶上的病斑具明显的同心轮纹，后期病斑中间变成灰白色，湿度大出现呈轮纹状排列的黑色小粒点，即病原菌的子实体。嫩叶染病时从叶尖向叶缘渐变黑褐色，病斑不整齐，焦枯状，病斑正面散生煤污状小点，病斑上没有轮纹，病斑多时常相互融合致叶片大部分布满褐色枯斑。嫩梢染病尖端先发病，后变黑枯死，继续向下扩展引致枝枯，发生严重时，叶片大量脱落或扦插苗成片死亡。

2.发生特点

病菌以菌丝体或分生孢子盘在病叶或病梢上越冬，翌春条件适宜时产生分生孢子，从茶树嫩叶或成叶伤口处入侵，经7～14d潜育引起发病，产生新病斑，湿度大时形成子实体，释放出成熟的分生孢子，借雨水飞溅传播，进行多次再侵染。该病属高温高湿型病害，气温 25 ～ 28℃，相对湿度 85% ～ 87%，利于发病。夏、秋两季发生重。生产上捋采、机械采茶、修剪、夏季扦插苗及茶树害虫多的茶园易发病。茶园排水不良，栽植过密的扦插苗圃发病重。品种间抗病性差异明显。凤凰水仙、湘波绿、云南大叶种易发病。

3.防治方法

（1）选用龙井长叶、藤茶、茵香茶、毛蟹等较抗病或耐病品种。

（2）加强茶园管理，防止捋采或强采，以减少伤口。机采、修剪、发现害虫后及时喷洒杀菌剂和杀虫剂预防病菌入侵。雨后及时排水，防止湿气滞留，可减轻发病。

（3）进入发病期，采茶后或发病初期及时喷洒 50% 苯菌灵可湿性粉剂 1500 倍液，或 50% 多霉灵（万霉灵 2#）可湿性粉剂 1000 倍液，或 25% 多菌灵可湿性粉剂 500 倍液，或 80% 敌菌丹可湿性粉剂 1500 倍液，或 75% 百菌清可湿性粉剂 600 倍液，或 36% 甲基硫菌灵悬浮剂 700 倍液，隔 7 ～ 14d 防治 1 次，连续防治 2 ～ 3 次。

二、茶树茎部病害

（一）茶红锈藻病

1.主要症状

茶红锈藻病主要为害 1 年生至 3 年生枝条及老叶和茶果。枝条染病初生灰黑色或紫黑色圆形或椭圆形病斑，后扩展为不规则形大斑块，严重的布满整枝，夏季病斑上产生铁锈色毛毡状物，病部产生裂缝及对夹叶，造成枝梢干枯，病枝上常出现杂色叶片。老叶染病初生灰黑色病斑，圆形，略突起，后变为紫黑色，其上也生铁锈色毛毡状物，即病菌藻的子实体。后期病斑干枯，变为灰色至暗褐色。茶果染病产生暗绿色至褐色或黑色略凸起小病斑，边缘不整齐。

2.发生特点

红锈藻菌以营养体在病部组织中越冬。翌年 5 ～ 6 月湿度大时产生游动孢子囊，遇水释放出游动孢子，借风雨传播，落到刚变硬的茎部，由皮层裂缝侵入。于 5 月下旬至 6 月上旬及 8 月下旬至 9 月上旬出现 2 个发病高峰。雨量大、降水次数多易发病；茶园土壤肥力不足、保水性差，易旱、易涝，造成树势衰弱或湿气滞留发病重。该菌在南方茶区无明显休眠期。温暖潮湿时形成子实体。形成时期因地区而异。

3.防治方法

（1）建立茶园时，应选择土壤肥沃、高燥的地块。

（2）提倡施用酵素菌沤制的堆肥或生物有机肥或茶树复混肥。改良土壤结构，提高排水、蓄水能力，增强树势，减轻发病。

（3）雨后及时排水，防止湿气滞留在茶园中。

（4）越冬期病枝率大于30%，病情指数高于25，相对湿度70%以上，开始喷洒90%三乙膦酸铝（乙膦铝）可湿性粉剂400倍液或58%甲霜灵锰锌可湿性粉剂600倍液、64%杀毒矾可湿性粉剂500倍液，对上述杀菌剂产生抗药性的茶区可改用72%克露可湿性粉剂700倍液或69%安克锰锌可湿性粉剂1000倍液。

（二）茶树地衣和苔藓病

1.主要症状

地衣、苔藓分布在全国各茶区。主要发生在阴湿衰老的茶园。地衣是一种叶状体，青灰色，据外观形状可分为叶状地衣、壳状地衣、枝状地衣3种。叶状地衣扁平，形状似叶片，平铺在枝干的表面，有的边缘反卷。壳状地衣为一种形状不同的深褐色假根状体，紧紧贴在茶树枝干皮上，难于剥离。枝状地衣叶状体成束，蓝绿色，树枝状或发状物，直立或下垂。苔藓是一种黄绿色青苔状或毛发状物。

2.发生特点

地衣、苔藓在早春气温升高至10℃以上时开始生长，产生的孢子经风雨传播蔓延，一般在5～6月温暖潮湿的季节生长最盛，进入高温炎热的夏季，生长很慢，秋季气温下降，苔藓、地衣又复扩展，直至冬季才停滞下来。低产茶园树势衰弱、树皮粗糙易发病。苔藓多发生在阴湿的茶园，地衣则在山地茶园发生较多。生产上管理粗放、杂草丛生、土壤黏重及湿气滞留的茶园发病重。

3.防治方法

（1）加强茶园管理。及时清除茶园杂草，雨后及时开沟排水，防止湿气滞留，科学疏枝，改善茶园小气候。

（2）施用酵素菌沤制的堆肥或腐熟的有机肥，合理采摘，使茶树生长旺盛，提高抗病力。

（3）秋冬停止采茶期，喷洒 2% 硫酸亚铁溶液或 1% 草甘膦除草剂，能有效地防治苔藓。

（4）喷洒 1 : 1 : 100 倍式波尔多液或 12% 绿乳铜乳油 600 倍液。

（5）草木灰浸出液煮沸以后进行浓缩，涂抹在地衣或苔藓病部，防治效果好。

（三）茶膏药病

1.主要症状

全国各茶区均有发生。灰色膏药病：初生白色棉毛状物，后转为暗灰色，中间暗褐色。稍厚，四周较薄，表面光滑。湿度大时，上面覆盖一层白粉状物。褐色膏药病：在枝条或根颈部形成椭圆形至不规则形厚菌膜，像膏药一样贴附在枝条上，栗褐色，较灰色膏药病稍厚，表面丝绒状，较粗糙，边缘有一圈窄灰白色带，后期表面龟裂，易脱落。

2.发生特点

病菌以菌丝体在枝干上越冬，翌年春末夏初，湿度大时形成子实层，产生担孢子，担孢子借气流和蚧壳虫传播蔓延，菌丝迅速生长形成菌膜。土壤黏重或排水不良、隐蔽湿度大的低产茶园易发病，蚧虫为害严重的茶园发病重。

3.防治方法

（1）发病重的茶园，提倡重剪或台刈，剪掉的枝条集中烧毁。

（2）防治茶树蚧壳虫至关重要。

（四）茶枝梢黑点病

1.主要症状

茶枝梢黑点病主要为害茶树枝梢，一般发生在当年生半木质化的红色枝梢上，初生灰褐色不规则形斑块，后向上下扩展，长 10 ～ 20cm，枝梢全部呈灰白色，其上散生圆形至椭圆形黑色略具光泽的小黑点，即病原菌的子囊盘。

2.发生特点

病菌以菌丝体和子囊盘在病部组织内越冬。翌春条件适宜时产生子囊孢子，借风雨传播，侵染枝梢。3 月下旬至 4 月上旬产生新子囊，5 月中旬至 6 月中旬进入发病盛期。气温 20 ～ 25℃，相对湿度高于 80% 利于该病的发生和扩展。品种间抗病性有差异，发芽早的茶树品种易感病。

3.防治方法

（1）选用抗病品种，如台茶12号。

（2）及时剪除病梢，携至茶园外集中烧毁。发病重的要重剪，可有效地减少初侵染源，减轻发病。

（3）采用高畦种植，合理密植；科学肥水管理，提高树势。

（4）发病盛期及时喷洒50%苯菌灵可湿性粉剂1500倍液或25%多菌灵可湿性粉剂500倍液、70%甲基托布津（甲基硫菌灵）可湿性粉剂900～1000倍液。防治1～2次。

（五）茶茎溃疡病

1.主要症状

在枝干表面形成浅红褐色不规则形痣状病斑，病斑逐渐扩大，相互愈合，有时将整个枝干包围，后期病斑成黑色，其上散生或聚生椭圆形至圆形小粒点，即病原菌的子座和子实体。

2.发生特点

在阴湿的山地茶园发生较多。发生与树势有密切关系。

3.防治方法

在病害普遍发生的茶园，可以喷波尔多液，防止本病的蔓延。

（六）茶胴枯病

1.主要症状

茶胴枯病又称枝枯病，是茶树当年生枝干病害。发病初期在茶树中上部半木质化枝干的近基部生出浅褐色至褐色长椭圆形病斑，后扩展成环状，稍凹陷，后期病斑上散生黑色小粒点，即病原菌分生孢子器。发病重的，水分输送受阻，地上部叶片蒸发量大，致病部以上的枝叶枯死。

2.发生特点

病菌以分生孢子器或菌丝体在病部越冬。翌春产生分生孢子借风雨传播，条件适宜时孢子萌发从新梢侵入。该病多在5月盛发，7～8月出现枝叶枯死。茶树衰老或地势低洼茶园易发病，通风透光不良或偏施、过施氮肥发病重。

3.防治方法

（1）加强茶园管理。及时中耕锄草，雨后及时排水，防止湿气滞留，对衰老的茶树要进行修剪或台刈。采用茶树配方施肥技术，合理配施氮磷钾，使茶树生长健壮。

（2）发病初期春茶采摘前及时喷洒25%苯菌灵乳油800倍液或36%甲基硫菌灵悬浮剂600倍液、50%多菌灵可湿性粉剂800～1000倍液；冬季可喷洒0.6%～0.7%石灰半量式波尔多液或30%绿得保悬浮剂500倍液、12%绿乳铜乳油600倍液、47%加瑞农可湿性粉剂700～800倍液。

三、茶树根部病害

（一）茶苗白绢病

1.主要症状

茶苗白绢病是一种常见的苗圃根部病害。分布范围广，为害严重。除茶外，还能为害瓜类、茄科、麻类、烟草、花生等200多种植物。发生在根颈部，病部初呈褐色斑，表面产生白色棉毛状物，扩展后绕根颈一圈，形成白色绢丝状菌膜，可向土面扩展。后期在病部形成茶叶籽状菌核，由白色转黄褐色至黑褐色。由于病菌的致病作用，病株皮层腐烂，水分、养分运输受阻，叶片枯萎、脱落，最后全株死亡。

2.发生特点

主要以菌核在土壤中或附于病组织上越冬，干燥条件下可存活5～6年。翌年春夏之交，温湿度适宜时萌发产生菌丝，沿土隙蔓延或随雨水、灌溉水、农具等进行传播，侵染幼苗根颈部进行为害。高温高湿有利于发病，以6～8月发生最盛。土壤黏重，酸度过大，地势低洼，茶苗长势差，以及前作为感病寄生地，病害发生亦重。

3.防治方法

选择生荒地或非感病作物的地作苗圃。注意茶园排水，改良土壤，促进苗木健壮，增强抗病力。感病苗圃应及时清除病苗并进行土壤消毒。药剂用50%多菌灵500倍液、0.5%硫酸铜液或70%甲基托布津500倍液。移栽茶苗时可用20%石灰水浸泡消毒。

（二）茶苗绵腐性根腐病

1.主要症状

该病主要发生在扦插苗上，当扦插苗形成新根时，幼根呈现茶褐色软腐，病根由圆形变为扁平形，在潮湿条件下上面形成白色棉毛状菌丝体，病根腐烂；病苗地上部分生育不良、叶片黄色至灰褐色，病叶易于脱落，严重时全株枯死。

2.发生特点

本病在土壤水分过多的情况下发生严重。一般在 5～10 月均可发生，而以梅雨季节和秋雨季节为发病盛期。春天扦插的茶苗，在发根期正遇秋季高湿期，因此，发病较重。品种间存在着抗病性差异。土壤线虫发生较多的茶树苗圃，根腐病发生较重。

3.防治方法

（1）选择合适的扦插时期，应保证扦插后生根的时期避开高温高湿的季节。

（2）加强苗床管理，防止土壤过度潮湿，浇水时每次浇水量不宜过多。

（3）床土处理，选用无病新土作为床土。

（三）茶苗根癌病

1.主要症状

茶苗根癌病主要为害茶苗，在部分茶区发生严重，造成茶苗枯死。以扦插苗圃中常见，主侧根均可受害。病菌从扦插苗剪口或根部伤口侵入，初期产生淡褐色球形突起，以后逐渐扩大呈瘤状，小的似粟粒，大的像豌豆，多个瘤常相互愈合成不规则的大瘤。瘤状物褐色，木质化而坚硬，表面粗糙。茶苗受害后须根减少，地上部生长不良或枯死。

2.发生特点

根癌病菌在土壤或病组织中越冬。翌年环境适宜时，借水流、地下昆虫及农具传播为害。病菌从苗木伤口或切口处侵入，在组织内生长发育，刺激细胞加速分裂，产生癌瘤。

3.防治方法

要严格苗木检查，防治地下害虫，减少根系伤口。苗木必要时可用 20%石灰水浸根 10min 消毒后再移栽。

（四）茶苗根结线虫病

茶苗根结线虫病分布在全国各茶区，主要为害茶田。

1.主要症状

茶苗根结线虫病多在 1～2 年生实生苗和扦插苗的根部发生，典型特点是病原线虫侵入寄主后，引起根部形成肿瘤即虫瘿。根瘤大小不一，大的似黄豆，小的似菜籽，主侧根受害常膨大无须根。须根受害表现病根密集成团，外表粗糙呈黄褐色。根系受害后，皮层组织疏松，后期皮层腐烂脱落，植株死亡。地上部表现植株生长不良，矮小，叶片黄化，旱季常引起大量落叶，最后枯枝死亡。

2.发生特点

以幼虫在土壤中或卵和雌成虫在根瘤中越冬。翌春气温高于 10℃，以卵越冬的在卵壳内孵化出 1 龄幼虫，蜕皮进入 2 龄后从卵壳中爬出，借水流或农具等传播到幼嫩的根尖处，用吻针穿刺根表皮细胞，由根表皮侵入根内，同时，分泌刺激物致根部细胞膨大形成根结。这时 2 龄幼虫蜕皮变成 3 龄幼虫，再蜕 1 次皮成为成虫。雌成虫就在虫瘿里为害根部，雄成虫则进入土中。幼虫常随苗木调运进行远距离传播。土温 25～30℃，土壤相对湿度 40%～70% 适合其生长发育，完成 1 代需 25～30d。生产中沙土常比黏土发病重。3 年以上茶苗转入抗病阶段。

3.防治方法

（1）选择未感染根结线虫病的前茬地建立茶园，必要时，先种植高感线虫病的大叶绿豆及绿肥，测定土壤中根结线虫数量。

（2）种植茶树之前或在苗圃播种前，于行间种植万寿菊、危地马拉草、猪屎豆等，这几种植物能分泌抑制线虫生长发育的物质，减少田间线虫数量。

（3）认真进行植物检疫，选用无病苗木，发现病苗，马上处理或销毁。

（4）苗圃的土壤于盛夏进行深翻，把土中的线虫翻至土表进行暴晒，可杀灭部分线虫，必要时铺地膜或塑料膜铺在地表，使土温升到 45℃以上效果更好。

第二节 常见茶树虫害防治

一、食叶性害虫

（一）茶尺蠖

1.主要症状

以取食茶树嫩叶为主，发生严重时可将成片茶园食尽，严重影响茶树的树势和茶叶的产量。该幼虫取食叶片，幼龄幼虫在嫩叶上咬成"C"形缺口，1龄幼虫啃食芽叶上表皮和叶肉，使叶呈褐色点状凹斑；2龄幼虫能吃成穿孔或自叶缘向内咬食形成缺刻；4龄后开始暴食，严重时，可使茶树成为秃枝。

2.发生特点

1年发生5～6代，以蛹在茶树根际土壤中越冬，翌年2月下旬至3月上旬开始羽化。幼虫发生为害期分别为4月下旬至5月中旬、5月下旬至6月下旬、6月下旬至7月下旬、7月中旬至8月中旬、8月中旬至9月下旬、9月下旬至10月中旬。

幼虫历期以第1代最长，其次是第5、第6代，第2至第4代的历期均较短。各虫态历期为：卵期6～10d，幼虫期约15d，蛹期7～13d（越冬蛹4个月以上），成虫3～7d。第1代卵在4月上旬开始孵化，第2代孵化高峰期在6月上中旬，以后约每隔1个月发生1代。

第1代幼虫为害春茶，第2代幼虫为害夏茶，以后每隔1个月发生1代，至10月后，以最后1代老熟幼虫化蛹越冬。

3.防治方法

（1）清园灭蛹、培土杀蛹。结合秋冬深耕，培土灭蛹：在茶尺蠖越冬期间，结合秋冬季茶园深耕，将茶丛树冠下和表土耕翻12～15cm，使蛹受机械损伤致死外，尚能将蛹翻出土面，被其他生物吃掉或冬寒冻死，或深埋土中，成虫不能羽化出土。深耕后，在茶丛根颈四周培土9～12cm，稍加镇压，效果更好。

（2）诱杀。利用成虫的趋光性，设置频振式杀虫灯或黑光灯诱杀成虫。

（3）人工捕杀幼虫。利用幼虫受惊后吐丝下垂的习性，可在傍晚打落并收集后消灭。当蛹的密度大时，也可组织力量挖蛹。

（4）保护利用天敌。茶尺蠖的天敌较多。一方面，应尽量减少茶园用药次数，降低化学农药用量，以保护田间的寄生性和捕食性天敌，充分发挥自然天敌的控制作用；另一方面，喷施茶尺蠖核型多角体病毒制剂。

（5）生物防治。在 1 ～ 2 龄幼虫期，每 $667m^2$ 喷 100 亿的核多角体病毒制剂，或喷洒杀螟杆菌、青虫菌和苏云金杆菌（每克含孢子数 100 亿）200 ～ 300 倍液，对茶尺蠖亦有较好的防治效果。

（6）药剂防治。使用农药防治要严格掌握防治指标，成龄投产茶园的防治指标为每 $667m^2$ 幼虫量 4500 头，施药适期掌握在 2 ～ 3 龄幼虫期。施药方式以低容量蓬面喷雾为宜。

药剂可选用 2.5% 溴氰菊酯乳油 3000 ～ 6000 倍液、98% 巴丹可溶性粉剂 1500 倍液、2.5% 三氟氯氰菊酯水乳剂 3000 倍液、35% 赛丹乳油 1000 倍液、0.6% 清源保水剂 1000 倍液、50% 辛硫磷乳剂 1500 ～ 2000 倍液，或 2.5% 鱼藤酮乳油 300 ～ 500 倍液，或 0.36% 苦参碱 1000 倍液，或 20% 除虫脲 2000 倍液喷雾。

（二）茶毛虫

1.主要症状

茶毛虫的幼虫咬食叶片，严重时，连同芽叶、嫩梢、树皮、花果嚼食殆尽，仅留秃枝。

2.发生特点

茶毛虫在各地发生代数不一。浙江、湖南及江西等省 1 年 3 代，以卵块在茶丛中下部叶背越冬。翌年 3 ～ 4 月孵化。3 代幼虫为害盛期分别在 4 ～ 5 月、6 ～ 7 月、8 ～ 10 月，以春、秋茶受害为重。幼虫初期喜群集，后期食量增大，分群为害。由于怕光忌高湿，一般是昼伏夜出。幼虫老熟后，停止取食并爬至根际土壤中、枯枝落叶下或阴暗湿润地结茧做蛹。成虫有趋光性。

3.防治方法

（1）秋冬季清园，摘除卵块和虫群。一方面在当年末代茶毛虫发生严重的茶园中，可在 11 月至翌年 3 月间人工摘除越冬卵块；另一方面可利用该虫群集性强的特点在低龄幼虫期，结合田间操作随时摘除虫群。在化蛹期培土埋蛹。

（2）灯光诱杀。由于茶毛虫成虫有趋光性，在成虫羽化期安装杀虫灯诱蛾，用灯光或性激素诱杀雄成虫，减少产卵量，可减轻田间为害。

（3）保护天敌。天敌种群数量对茶毛虫有良好的控制作用，其中茶毛虫黑卵蜂、乳色绒茧蜂以及细菌性软化病及核型多角体病毒是主要的天敌。

（4）生物防治。减少田间使用化学农药的次数，促进田间天敌繁殖，人工释放赤眼蜂，发挥天敌的控制作用。也可使用茶毛虫核型多角体病毒制剂，使用浓度为1000倍液。

（5）化学防治。在百丛卵块5个以上时进行，掌握在3龄幼虫期前，以侧位低容量喷洒为佳。

选用90%敌百虫晶体、80%敌敌畏乳油1000～1500倍液、50%辛硫磷乳油1500～2000倍液。也可用2.5%功夫菊酯乳油、2.5%溴氰菊酯乳油、10%氯氰菊酯乳油4000～6000倍稀释液进行喷雾防治。

可采取敌敌畏毒砂（土）的方法，即每667m²用80%敌敌畏100～150ml，加干湿适宜的砂土10kg拌匀，覆盖塑料膜闷10～15min后，均匀撒在茶地上，防效能优于喷雾。

在幼虫初孵期，使用20%灭幼脲胶悬剂100～150ml/667m²对水喷雾或5%抑太保乳油75～120ml/667m²对水75～150kg喷雾，药效缓慢，喷药后7～10d防治明显，持效期1个月。

（三）茶刺蛾

1.主要症状

幼虫栖居叶背取食，幼龄幼虫取食下表皮和叶肉，留下枯黄半透膜，中龄以后咬食叶片成缺刻，常从叶尖向叶基锯食，留下平面如刀切的半截叶片。

2.形态特征

成虫体长12～16mm，翅展24～30mm。体和前翅浅灰红褐色，翅面具雾状黑点，有3条暗褐色斜线；后翅灰褐色，近三角形，缘毛较长。前翅从前缘至后缘有3条不明显的暗褐色波状斜纹。卵椭圆形，扁平，淡黄白色，单产，半透明。幼虫共6龄，体长30～35mm，长椭圆形，前端略大，背面稍隆起，黄绿色至灰绿色。体前端背中有1个紫红色向前斜伸的角状突起，体背中部和后部还各有1个紫红色斑纹。体侧沿气门线有1列红点。低龄幼虫无角状突起和红斑，体背前部3对刺、中部1对刺、后部2对刺较长。

3.发生特点

在湖南、江西等省1年发生3代，以老熟幼虫在茶丛根际落叶和表土中结茧越冬。3代幼虫分别在5月下旬至6月上旬、7月中下旬和9月中下旬盛发。且常以第2代发生最多，为害较大。成虫日间栖于茶丛内叶背，夜晚活动，有趋光性。卵单产，产于茶丛下部叶背。幼虫孵化后取食叶片背面成半透膜枯斑，以后向上取食叶片成缺刻。幼虫期一般长达22～26d。

4.防治方法

（1）科学肥水管理，铲除茶园杂草，增强树势；茶树在冬季培土时梳出茶丛下6.5cm表土层，翻入施肥沟底，对消灭茶刺蛾、扁刺蛾、茶蚕等的越冬蛹有效，此外，用新土把茶丛培高10cm压紧，可阻碍越冬蛹羽化出土。

（2）保护与利用天敌。

（3）幼虫盛发期喷洒80%敌敌畏乳油1200倍液或50%辛硫磷乳油1000倍液、50%马拉硫磷乳油1000倍液、25%亚胺硫磷乳油1000倍液、25%爱卡士乳油1500倍液、5%来福灵乳油3000倍液。

（四）茶黑毒蛾

1.主要症状

幼虫嚼食茶树叶片成缺刻或孔洞，严重时，把叶片、嫩梢食光，影响翌年产量、质量。幼虫毒毛触及人体引致红肿痛痒。

2.发生特点

1年发生4代，以卵在茶树叶背、细枝或枯草上越冬。翌年3月下旬至4月上旬孵化。2代、3代、4代幼虫分别发生在6月、7月中旬至8月中旬、8月下旬至9月下旬。成虫趋光性强，白昼静伏，夜间活动，羽化后当天即行交配，把卵成块或散产在茶丛中下部叶背处。每雌产卵100～200粒，卵期7～10d。幼虫共5龄，初孵幼虫群集老叶背面取食叶肉，2龄后分散，喜在黄昏或清晨为害。幼虫期20～27d。老熟后爬至茶丛基部枝杈间、落叶下或土缝里结茧化蛹。蛹期10～14d，成虫寿命5～12d。该虫喜温暖潮湿气候，高温干旱年份发生少。

3.防治方法

（1）清园灭卵。结合茶园培育管理，清除杂草，制作堆肥或深埋入土。特别是冬季，清除茶树根际的枯枝落叶及杂草，深埋入土，可消灭大量的越冬卵。

（2）保护天敌。茶黑毒蛾的天敌种类如下。

1）在卵期有赤眼蜂、黑卵蜂、啮小蜂，寄生率以越冬卵最高，可达 40%以上。

2）幼虫期和蛹期有日本追寄蝇、绒茧蜂和瘦姬蜂。

3）此外，还有茶黑毒蛾核型多角体病毒、捕食性天敌等，均对种群数量有一定的抑制作用。

（3）灯光诱杀。利用成虫趋光性的特点，在发蛾期点灯诱杀，以减少次代虫口的发生数量。

（4）加强茶园管理。茶树高大的，可结合茶树改造，进行重修剪或台刈，以减少茶黑毒蛾的产卵场所。

（五）茶卷叶蛾

1.主要症状

幼虫在芽梢上卷缀嫩叶藏在其中，嚼食叶肉，留下一层表皮，形成透明枯斑，后随虫龄增大，食叶量大增，卷叶苞可多达 10 个叶，常食成叶、老叶。

2.发生特点

群众俗称"包叶虫""卷心虫"，幼虫在卷叶苞内越冬。幼虫幼时趋嫩且活泼，受惊即弹跳落地，老熟后常留在苞内化蛹。成虫白天潜伏在茶丛中，夜间活跃，有趋光性，常把卵块产在叶面，呈鱼鳞状排列，上覆胶质薄膜。芽叶稠密的茶园发生较多。5～6 月雨湿利其发生。秋季干旱发生轻。

该虫 1 年发生 6 代，以老熟幼虫在虫苞中越冬。各代幼虫始见期常在 3月下旬、5 月下旬、7 月下旬、8 月上旬、9 月上旬、11 月上旬，世代重叠发生，幼虫共 6 龄。成虫有趋光性，卵呈块多产在叶面。

3.防治方法

（1）冬季剪除虫枝，随手摘除卵块、虫苞，清除枯枝落叶和杂草，集中处理，减少虫源。

（2）注意保护寄生蜂。

（3）灯光诱杀成虫。

（4）谢花期喷洒青虫菌，每克含 100 亿孢子 1000 倍液，如能混入 0.3%茶枯或 0.2% 中性洗衣粉可提高防效。

此外可喷白僵菌 300 倍液或 90% 晶体敌百虫 800 ～ 900 倍液、50% 敌敌畏乳油 900 ～ 1000 倍液、50% 杀螟松乳油 800 倍液、2.5% 功夫乳油 2000 ～ 3000 倍液。

掌握 1 ～ 2 龄幼虫期喷药防治。可选用 80% 敌敌畏 1000 倍液或 2.5% 天王星或 25% 喹硫磷 800 倍液。

（六）茶细蛾

1.主要症状

幼虫在茶树嫩叶里潜食或卷成三角苞匿居取食，影响茶叶产量。三角苞混入率高于 3%，会影响茶叶质量。

2.发生特点

以蛹茧在茶树中下部成叶或老叶面凹陷处越冬。翌春 4 月成虫羽化产卵。成虫晚上活动、交尾，有趋光性。1 ～ 2 龄为潜叶期，3 ～ 4 龄前期为卷边期，4 龄后期、5 龄初期进入卷苞期，把叶尖向叶背卷结为三角虫苞。该虫卵期 3 ～ 5d，幼虫期 9 ～ 40d，非越冬蛹 7 ～ 16d，成虫寿命 4 ～ 6d。

3.防治方法

（1）分批及时采茶，注意采去有虫叶，减少该虫产卵场所及食料。

（2）加强茶园管理，发现虫苞及时摘除，集中烧毁或深埋。

（3）在潜叶期及时喷洒 50% 辛硫磷乳油 1200 倍液或 80% 敌敌畏乳油 1000 倍液、90% 巴丹可湿性粉剂 1500 倍液、20% 氰戊菊酯乳油 4000 ～ 5000 倍液。

（七）茶丽纹象甲

1.主要症状

主要为害夏茶。幼虫在土中食须根，主要以成虫咬食叶片，成虫活动能力强，爬行迅速，具假死性，主要咬食叶片成缺刻。严重时全园残叶秃脉，对茶叶产量和品质影响很大。

2.发生特点

1 年发生 1 代，以幼虫在茶丛树冠下土中越冬，翌年 3 月下旬陆续化蛹，4 月上旬开始陆续羽化、出土，5 ～ 6 月为成虫为害盛期。成虫有假死性，遇惊动即缩足落地。

3.防治方法

（1）茶园耕锄。在 7 ～ 8 月或秋末结合施基肥进行清园及行间深翻，可杀除幼虫和蛹。

（2）人工捕杀。在成虫假死性，利用成虫高峰期在地面铺塑料薄膜，然后用力振落集中消灭，以减少发生量和减轻为害程度。

（3）生物防治。于成虫出土前撒施白僵菌 871 菌粉，每 $667m^2$ 用菌粉 1 ～ 2kg 拌细土施土上面。

（4）化学防治。在每 $667m^2$ 虫量达 10000 头时进行，防治适期一般在 5 月底至 6 月上旬，即出土盛末期，以低容量喷雾为佳。可选用 1000 倍液 35% 赛丹、98 杀螟丹喷杀成虫或用 Bt 粉 400 倍液施于土中，使之感病致死。选用 2.5% 天王星 800 倍液（每 $667m^2$ 用 60ml）或 98% 巴丹 800 倍液（每 $667m^2$ 用 50 ～ 60g)(生产出口茶的茶园建议不用该药)。

二、吸汁性害虫

（一）假眼小绿叶蝉

1.主要症状

成虫和若虫以针状口器刺入茶树嫩梢及叶脉吸取汁液，造成芽叶失水萎缩，枯焦，严重影响茶叶产量和品质。茶树受害后，其发展过程分为失水期、红脉期、焦边期、枯焦期。

2.发生特点

假眼小绿叶蝉以成虫越冬，卵散产于茶树嫩茎皮层与木质部之间，平均每雌产卵 8 ～ 10 粒。若虫大多栖息在嫩叶背及嫩茎上，以嫩叶背居多。1 ～ 2 龄若虫活动范围不大，3 龄后善爬、善跳、畏光、横行习性增强。1 年发生 9 ～ 13 代，世代重叠。为害高峰期分别为 6 ～ 7 月和 9 ～ 10 月。

3.防治方法

（1）加强茶园管理，及时清除杂草，及时分批采摘，或轻剪去除卵抑制其发展。

（2）保护天敌。

（3）发生严重茶园，抓紧以 11 月至翌年 3 月喷洒 50% 辛硫磷或马拉硫磷 1000 倍液，以消灭越冬虫源。

（4）化学防治。掌握在峰前，百叶虫量超过 8 头且田间若虫占总虫量的 80% 以上时为适期。以低容量蓬面喷洒为佳。

1）2.5% 联苯菊酯（天王星）1000 ～ 6000 倍液，每 667m² 用量 12.5 ～ 25ml，安全间隔期 6d。

2）10% 吡虫啉（大功臣）4000 ～ 5000 倍液，每 667m² 用量 15 ～ 20g，安全间隔期 7 ～ 10d。

3）5% 茶鹰 1000 ～ 1200 倍液，每 667m² 用量 50 ～ 75ml，安全间隔期 7 ～ 10d。

（二）黑刺粉虱

1.主要症状

以幼虫刺吸茶树成叶和老叶汁液为害，其排泄物还诱致煤污病，严重时茶芽停止萌发、树势衰退、大量落叶，树冠一片黑色。

2.形态特征

成虫体长 1 ～ 1.3mm，雄虫略小，体橙黄色，体表覆有粉状蜡质物，复眼红色，前翅紫褐色，周围有 7 个白斑，后翅浅紫色，无斑纹。卵长约 0.25mm，香蕉形，顶端稍尖，基部有一短柄与叶背相连，初产时乳白色，渐变深黄色，孵化前呈紫褐色。初孵幼虫长约 0.25mm，长椭圆形，具足，体乳黄色，后渐变黑色，周缘出现白色细蜡圈，背面出现 2 条白色蜡线，后期背侧面生出刺突。1 龄幼虫背侧面具 6 对刺，2 龄 10 对，3 龄 14 对。幼虫老熟时体长约 0.7mm。蛹近椭圆形，初期乳黄色，透明，后渐变黑色。蛹壳黑色有光泽，长约 1mm，周缘白色蜡圈明显，壳边呈锯齿状，背面显著隆起，上常附有幼虱蜕皮壳。蛹壳背面有 19 对刺，两侧边缘雌蛹壳有 11 对刺，雄蛹壳 10 对。

3.发生特点

1 年发生 4 代，以老熟幼虫在茶树叶背越冬，翌年 3 月化蛹，4 月上中旬成虫羽化，第 1 代幼虫在 4 月下旬开始发生。第 1 ～ 4 代幼虫的发生盛期分别在 5 月下旬、7 月中旬、8 月下旬和 9 月下旬至 10 月上旬。黑刺粉虱喜郁闭的生态环境，在茶丛中下部叶片较多的壮龄茶园及台刈后若干年的茶园中易于大发生，在茶丛中的虫口分布以下部居多，上部较少。成虫羽化时，蛹壳仍留在叶背。成虫飞翔力弱，白天活动，晴天较活跃。卵多产于成叶与老叶背面，每雌产卵量约 20 粒。初孵幼虫能爬行，但很快就在卵壳附近固定为害。幼虫经 3 龄老熟后，在原处化蛹。

4.防治方法

（1）结合茶园管理进行修剪、疏枝、中耕除草，使茶园通风透光，可减少其发生量。

（2）黑刺粉虱的防治指标为平均每张叶片有虫 2 头，即应防治。当 1 龄幼虫占 80%、2 龄幼虫占 20% 时即为防治适期。可选用 40% 东果，或 50% 马拉硫磷乳油 800 ～ 1000 倍液，或 50% 辛硫磷乳油 1000 倍液，或 25% 扑虱灵乳油 1000 倍液，或 2.5% 天王星乳油 1500 ～ 2000 倍液。安全间隔期相应为 10d、10d、5d、14d 和 6d。黑刺粉虱多在茶树叶背，喷药时要注意喷施均匀。发生严重的茶园在成虫盛发期也可进行防治。

（3）黑刺粉虱的天敌种类很多，包括寄生蜂、捕食性瓢虫、寄生性真菌，应注意保护和利用。

（三）茶蚜

1.主要症状

若虫和成虫刺吸嫩梢汁液为害，使芽梢生长停滞、芽叶卷缩。此外由于蚜虫分泌"蜜露"，诱致霉病发生。

2.形态特征

分有翅蚜和无翅蚜 2 种。有翅蚜长约 2mm，翅透明，前翅长 2.5 ～ 3mm，中脉有一分支，体黑褐色并有光泽。触角第 3 ～ 5 节依次渐短，第 3 节有 5 ～ 6 个感觉圈排成一列。腹部背侧有 4 对黑斑，腹管短于触角第 4 节，尾片短于腹管，中部较细，端部较圆，具有 12 根细毛。无翅胎生雌蚜卵圆形，暗褐色至黑褐色，体长约 2mm。卵长椭圆形，长径 0.5 ～ 0.7mm，短径 0.2 ～ 0.3mm，初产时浅黄色，后转棕色至黑色，有光泽。若虫外形和成虫相似，浅黄色至浅棕色，体长 0.2 ～ 0.5mm。1 龄若虫触角 4 节，2 龄 5 节，3 龄 6 节。

3.发生特点

当虫口密度大或环境条件不利时产生有翅蚜，飞迁到其他嫩梢繁殖新蚜群。茶蚜趋嫩性强，因此，在芽梢生长幼嫩的新茶园、台刈后复壮的茶园、修剪留养茶园和苗圃中发生较多。茶蚜的发生和气候条件关系密切。晴暖少雨天气适于茶蚜发生，夏季干旱高温、暴风大雨条件不利于茶蚜发生。

1年发生20余代，偏北方茶区以卵在茶树叶背越冬。在翌年2月下旬开始孵化，3月上旬盛孵，全年以4～5月和10～11月发生较多，4月下旬至5月中旬为全年发生盛期。茶蚜有2种繁殖方式，即胎生（孤雌生殖）和卵生（有性生殖）。一般以胎生为主。每头无翅胎生雌蚜可产幼蚜20～45头，1头有翅胎生雌蚜可产幼蚜18～30头。秋末出现有性蚜，交尾后产卵于茶树叶背，常10余粒至数十粒产在一处，排列不整齐，较疏散，每雌产卵量4～10粒，一般多为无翅蚜。

4.防治方法

（1）在虫梢数量少、虫口密度大的茶园中人工采除虫梢。分批多次采摘，可破坏茶蚜适宜的食料和环境，抑制其发生。

（2）茶蚜的天敌有瓢虫、草蛉、食蚜蝇等多种，要注意保护，减少化学农药的施用次数，达到自然控制的效果。

（3）当有蚜芽梢率达10%，有蚜芽梢芽下第2叶平均虫口达20头以上时，可喷施50%马拉硫磷乳油1000倍液，2.5%溴氰菊酯乳油、2.5%天王星乳油4000～6000倍液。零星发生时可组织挑治。

（四）茶橙瘿螨

1.主要症状

成螨和若螨刺吸茶树嫩叶和成叶汁液，被害叶失去光泽，呈淡黄绿色，叶正面主脉发红，叶背出现褐色锈斑，芽叶萎缩，芽梢停止生长。

2.形态特征

成螨体小，长约0.14mm，橙红色，长圆锥形，体前部稍宽，向后渐细呈胡萝卜形，足2对，体后部有许多皱褶环纹，背面约有30条。腹末有1对刚毛。卵为球形，直径约0.04mm，白色透明，呈水晶状。幼螨和若螨体色浅，乳白色至浅橘红色，足2对，体形与成螨相似，但体后部的环纹不明显。

3.发生特点

1年发生20余代，以卵、幼蛾、若螨和成螨等各种螨态在茶树叶背越冬。世代重叠严重。一般3月、11～12月每月发生1代，4月和10月各2代，5月和9月各3代，6～8月各4代。初冬气温降至10℃以下时，各螨态均能继续活动，一般于翌年3月中下旬气温回升后，成螨开始由叶背转向叶面活动为害。各代历期随气候而异，当平均气温在17～18℃时，全世代历期平均 11 ～ 14d，平均气温在 22 ～ 24℃时为 7 ～ 10d，平均气温在 27 ～ 28℃时为 5 ～ 6d。成螨具有陆续孕卵分次产卵的习性，卵散产于叶背，多在侧脉凹陷处，每雌螨平均产卵 20 余粒。幼螨第一次蜕皮成若螨，第二次蜕皮后成成螨。每次蜕皮前均有一不食不动的静止期。在茶丛中几乎全部分布在茶丛中上部，大多分布在芽下第 1 ～ 4 叶上。全年一般有 2 个发生高峰，第一个高峰期在 5 月中下旬，第二个高峰期因高温干旱季节的早迟而异，一般在夏季高温旱季后形成，但数量低于第一个高峰期。全年以夏、秋茶期为害最重，高温季节和高湿多雨条件不利于发生。

4.防治方法

（1）秋茶结束后，于 11 月下旬前抓紧喷施 0.5°Bé 石硫合剂，减少越冬虫口基数。

（2）实行分批多次采摘，可减少虫口数。

（3）在发生高峰前喷施 20% 哒螨酮或 15% 灭螨灵 2000 ～ 3000 倍液或 25% 扑虱灵 800 ～ 1000 倍液。

（五）茶跗线螨

1.主要症状

茶跗线螨以成螨和幼、若螨栖息在茶树嫩叶背面刺吸茶树嫩液汁为害，叶片正面的螨量很少。茶树幼嫩芽叶被害后严重失绿，叶背和叶面均呈褐色，叶质硬化、变脆、增厚、萎缩，叶尖扭曲变形，嫩梢僵化，停止生长。

2.发生特点

茶跗线螨 1 年发生 20 ～ 30 代，以雌成螨在茶芽鳞片内或叶柄等处越冬。该螨以两性繁殖为主，也能够孤雌繁殖，卵单产或散产于芽尖和嫩叶背面。从卵到成螨完成 1 个世代只需 3 ～ 15d。茶跗线螨趋嫩性很强，能随芽梢的生长不断向幼嫩部位转移，分布在芽下第 1 ～ 3 叶的螨数占总量的 98% 以上。

3.防治方法

（1）及时分批采摘。

（2）化学防治。2.5% 天王星 3000 ～ 6000 倍液，每 667m² 用量 12.5 ～ 25ml，安全间隔期 6d；73% 克螨特 1500 ～ 2000 倍液，每 667m² 用量 40 ～ 50ml，安全间隔期 10d；非采茶季节用 45% 石硫合剂 200 ～ 300 倍液，

每 667m^2 用石硫合剂晶体 250 ～ 375g。

（六）茶黄蓟马

1.主要症状

成虫、若虫锉吸为害茶树新梢嫩叶，受害叶片背面主脉两侧有 2 条至多条纵向内凹的红褐色条纹，严重时，叶背呈现一片褐纹，条纹相应的叶正面稍凸起，失去光泽，后期芽梢出现萎缩，叶片向内纵卷，叶质僵硬变脆。

2.形态特征

成虫橙黄色，体小，长约 1mm，头部复眼稍突出，有 3 只鲜红色单眼呈三角形排列，触角约为头长的 3 倍。8 节。翅 2 对，透明细长，翅缘密生长毛。卵为肾形，浅黄色。若虫体形与成虫相似，初孵时乳白色，后变浅黄色。

3.发生特点

1 年发生多代。以成虫在茶花中越冬。一般 10 ～ 15d 即可完成 1 代。各虫态历期分别为：卵 5 ～ 8d，若虫 4 ～ 5d，蛹 3 ～ 5d，成虫产卵前期 4d。以 9 ～ 11 月发生最多，为害最重，其次是 5 ～ 6 月。成虫产卵于叶背叶肉内，若虫孵化后锉吸芽叶汁液，以 2 龄时取食最多。蛹在茶丛下部或近土面枯叶下。成虫活泼，善于爬动和作短距离飞行。阴凉天气或早晚在叶面活动，太阳直射时，栖息于茶树下层荫蔽处，苗圃和幼龄茶园发生较多。

4.防治方法

（1）分批及时采茶，可在采茶的同时采除一部分卵和若虫，有利于控制害虫的发展。

（2）在发生高峰期前喷施 80% 敌敌畏乳油 1000 倍液、50% 马拉硫磷乳油或 50% 杀螟硫磷乳油 1500 倍液、2.5% 天王星乳油 4000 倍液。安全间隔期相应为 6d、10d、10d 和 6d。

（七）长白蚧

1.主要症状

以若虫、雌成虫寄生在茶树枝干上刺吸汁液为害。受害茶树发芽稀少，树势衰弱，未老先衰，严重时大量落叶，甚至枯死。

2.发生特点

长江流域茶区 1 年发生 3 代，以老熟若虫在茶树枝干上越冬。翌年 3 月下旬羽化，4月中下旬开始产卵。第1代至第3代若虫盛孵期分别在5月中下旬、7月下旬至8月上旬、9月中旬至10月上旬。第1代至第2代若虫孵化比较整齐。

3.防治方法

（1）苗木检疫。有蚧虫寄生的苗木实行消毒处理。

（2）加强茶园管理，清蔸亮脚，促进茶园通风透光，对发生严重的茶树枝条及时剪除。

（3）保护天敌。清除的有虫枝条宜集中堆放一段时间，让寄生蜂羽化飞回茶园。瓢虫密度大的茶园，可人工帮助移植。瓢虫活动期应尽量避免用药。

（4）药剂防治。掌握若虫盛孵期喷药。可用25%亚胺硫磷、25%喹硫磷、50%马拉硫磷、25%扑虱灵800～1000倍液。秋末可选用0.5°Bé石硫合剂、10～15倍松脂合剂、25倍蒽油或机油乳剂。

（八）角蜡蚧

1.主要症状

若虫和雌成虫刺吸枝、叶汁液，排泄蜜露常诱致煤污病发生，削弱树势，重者枝条枯死。雌成虫短椭圆形，长6～9.5mm，宽约8.7mm，高约5.5mm，蜡壳灰白色，死体黄褐色微红。周缘具角状蜡块：前端3块，两侧各2块，后端1块圆锥形较大如尾，背中部隆起呈半球形。触角6节，第3节最长。足短粗，体紫红色。雄成虫赤褐色，前翅发达，短宽微黄，后翅特化为平衡棒。卵椭圆形，长约0.3mm，紫红色。若虫初龄扁随圆形，长约0.5mm，红褐色；2龄出现蜡壳，雌蜡壳长椭圆形，乳白微红，前端具蜡突，两侧每边4块，后端2块，背面呈圆锥形稍向前弯曲；雄蜡壳椭圆形，长2～2.5mm，背面隆起较低，周围有13个蜡突。雄蛹长约1.3mm，红褐色。

2.发生特点

1年发生1代，以受精雌虫于枝上越冬。翌春继续为害，6月产卵于体下，卵期约1周。若虫期80～90d，雌脱3次皮羽化为成虫，雄脱2次皮为前蛹，进而化蛹，羽化期与雌同，交配后雄虫死亡，雌继续为害至越冬。初孵若虫雌多于枝上固着为害，雄多到叶上主脉两侧群集为害。天敌有瓢虫、草蛉、寄生蜂等。

3.防治方法

（1）做好苗木、接穗、砧木的检疫消毒。

（2）保护引放天敌。

（3）剪除虫枝或刷除虫体。冬季枝条上结冰凌或雾凇时，用木棍敲打树枝，虫体可随冰凌而落。

（4）刚落叶或发芽前喷含油量10%的柴油乳剂，如混用化学药剂效果更好。

（5）初孵若虫分散转移期药剂防治可选用50%马拉硫磷乳油、50%辛硫磷乳油1000倍液，25%扑虱灵可湿性粉剂1000倍液，2.5%天王星乳油1500～2000倍液。

三、钻蛀性害虫

（一）茶枝镰蛾

1.主要症状

幼虫蛀食枝条常蛀枝干，初期枝上芽叶停止伸长，后蛀枝中空部位以上枝叶全部枯死。

2.发生特点

茶枝镰蛾又名蛀梗虫。该虫1年发生1代，以幼虫在蛀枝中越冬。翌年3月下旬开始化蛹，4月下旬为化蛹盛期，5月中下旬为成虫盛期。成虫产卵于嫩梢2～3叶节间。幼虫蛀入嫩梢数天后，上方芽叶枯萎，3龄后蛀入枝干内，终蛀近地处。蛀道较直，每隔一定距离向荫面咬穿近圆形排泄孔，孔内下方积絮状残屑，附近叶或地面散积暗黄色短柱形粪粒。

3.防治方法

（1）在成虫羽化盛期，灯光诱杀成虫。

（2）秋茶结束后，从最下一个排泄孔下方15cm处，剪除虫枝并杀死枝内幼虫。

（二）咖啡木蠹蛾

1.主要症状

幼虫蛀食枝干，形成虫道，并能从一枝转移到另一枝为害。被害枝上有排泄孔，下方地面上常堆积颗粒状虫粪。幼虫蛀食致使茶树茎干中空枯死。

2.发生特点

1年发生1～2代，以幼虫在枝干内越冬，以老熟幼虫越冬的次年发生2代。成虫多在夜间活动，卵产于枝梢上，每处1粒，孵化后蛀入梢内为害，向下蛀成虫道，直达枝干基部，枝干外常有3～5个排泄孔，零乱排列不齐，排泄孔外多粒状虫粪。幼虫老熟后，先在枝上咬一羽化孔，并吐丝封孔，然后在虫道内化蛹，蛹经20d，蛹体蠕动半露于孔外，羽化后飞出交尾产卵。

3.防治方法

检查枯萎细枝，自最下一个排泄孔下方剪除茶枝，冬春季从近地面处剪去枯萎虫枝，成虫盛发期，可在虫口密度较大的茶园里晚间灯光诱蛾。

（三）茶天牛

1.主要症状

幼虫蛀食枝干和根部，致树势衰弱，上部叶片枯黄，芽细瘦稀少，枝干易折断，严重时，整株枯死。

2.发生特点

2年或2年多发生1代，以幼虫或成虫在寄主枝干或根内越冬。越冬成虫于翌年4月下旬至7月上旬出现，5月底产卵，进入6月上旬幼虫开始孵化，10月下旬越冬，下一年8月下旬至9月底化蛹，9月中旬至10月中旬成虫才羽化，羽化后成虫不出土在蛹室内越冬，到第三年4月下旬才开始外出交尾，把卵产在距地面7～35cm，茎粗2～3.5cm的枝干上。卵散产在茎皮裂缝或枝权上。初孵幼虫蛀食皮下，1～2d后进入木质部，再向下蛀成隧道，至地下33cm以上。在地际3～5cm处留有细小排泄孔，孔外地面堆有虫粪木屑。老熟幼虫上升至地表3～10cm的隧道里，做成长圆形石灰质茧，蜕皮后化蛹在茧中。该天牛在山地茶园及老龄、树势弱的茶园为害重。根茎外露的老茶树受害重。

3.防治方法

（1）成虫出土前用生石灰5kg，硫黄粉0.5kg，牛胶250g，对水20L调和成白色涂剂，涂在距地面50cm枝干上或根颈部，可减少天牛产卵。

（2）茶树根际处及时培土，严防根颈部外露和成虫产卵。

（3）于成虫发生期用灯光诱杀成虫或于清晨人工捕捉。

（4）从排泄孔注入敌敌畏等杀虫剂40～50倍液，然后用泥巴封口，可毒杀幼虫。

（5）把百部根切成4～6cm长或半夏的茎叶切碎后，塞进虫孔，也能毒杀幼虫。

四、地下害虫

（一）铜绿丽金龟

1.主要症状

铜绿丽金龟主要为害茶苗根部，严重时，常把茶树幼苗的主根或侧根咬断，1～2年生幼龄茶苗也常受害，造成新植茶园缺垄断行或成片缺苗。成虫咬食茶树叶片。

2.防治方法

（1）耕地时人工随犁捡拾蛴螬或放出鸡、鸭啄食。成虫盛发时，利用其假死性，夜晚在集中为害的茶树下，张接塑料薄膜，振落捕杀。

（2）成虫盛发期，利用其趋光性，傍晚进行灯光诱杀或堆火诱集，必要时，安置黑光灯效果更好。此外，在茶园周围种植蓖麻，对成虫也有较好的诱杀效果。发现中毒后要及时处置被麻痹的成虫，防其苏醒。酸菜常对铜绿金龟甲、杨树叶对黑绒金龟甲有诱集作用，可加入少量杀虫剂诱杀。

（3）有条件的也可用白僵菌、蛴螬乳状杆菌进行土壤处理，也可收到很好的效果。注意保护和利用赤黑脚土蜂、黑斑长腹土蜂、黑土蜂等天敌昆虫，进行生物防治。

（4）成虫发生量大时，可往茶丛上喷洒50%马拉硫磷乳油或75%辛硫磷乳油1000～1500倍液，能杀死很多成虫。

虫口密度大的茶园，在幼虫尚未化蛹、成虫未羽化出土之前，在茶丛下撒施2.5%亚胺硫磷粉剂，每丛100g左右，将土耙松。防治幼虫也可结合整地撒施毒土，用敌百虫或敌敌畏、辛硫磷，每667m²用量100～150g，加少量水稀释后拌细土15～20kg撒施，还可结合施肥，用碎饼粉掺入杀虫剂制成毒饵，开沟施入根际土中，诱杀蛴螬。

（二）黑翅土白蚁

1.主要症状

蚁群在地下蛀食茶树根部，并由泥道通至地上部蛀害枝干。地下根茎食成细锥状，有时被蛀食为蜂窝状，致使树势衰弱，甚至枯死，容易折断。

2.发生特点

生殖蚁每年3～5月大量出现，4～6月雨水透地后，闷热或阵雨开始前的傍晚出土。先由工蚁开隧道突出地表，羽化孔孔口由兵蚁守卫，生殖蚁鱼贯而出。飞行时间不长即落地脱翅，雌雄配对爬至适当地点潜入土中营建新居，成为新的蚁王和蚁后，繁殖新蚁群。

3.防治方法

（1）清洁茶园。清除茶园枯枝、落叶、残桩，刷除泥被并在被害植株的根茎部位施药。新辟茶园一定要把残蔸木桩清除干净，如原先已有蚁窝要先挖除清理。

（2）诱杀。在严重地段挖诱杀坑，掩埋松枝、枯枝、芦苇等诱集物，保持湿润，并施入适当灭蚁农药，任工蚁带回巢内毒杀蚁后及蚁群。每年4～6月是有翅生殖蚁的分群期，利用其趋光性，用黑光灯或其他灯光诱杀。

（3）挖掘巢穴。掌握白蚁在不同地形、地势筑巢的习性，或在白蚁为害区域寻找蚁路，分群孔，挖掘蚁主巢，捕捉蚁王和蚁后。

（4）药剂喷杀。找到白蚁活动场所，如群飞孔，蚁路，泥线，为害重要的地方，可直接喷洒灭蚁灵，每巢用药量10～30g。

第三节　常见茶园草害防治

杂草的生命力强，能够较好地适应环境，是作物生产体系中自然生长的非目的性植物，对作物和生态具有利弊两方面的作用。杂草的生殖能力、再生能力和抗性都很强，往往具有比作物更强的竞争力。

茶园杂草是在长期适应当地茶树栽培、茶园土壤、气候生态条件下生存的非栽培植物，常与茶树争夺肥、水、阳光等，又是许多病虫害的中间寄主，其泛滥严重为害着茶树的生长。在现代茶叶生产尤其是有机茶生产中，应将杂草作为茶园生态系统中的一个要素进行管理，既要认识到其对茶叶生产的危害性，也要认识到杂草在茶园生态系统中有利的一面。第一，合理管理的杂草一定程度上可以维持土壤肥力，减少土壤侵蚀，提高土壤生物活性；第二，杂草是许多害虫的次生寄主，可以为害虫提供食物，以吸引害虫取食而减轻茶园虫害；第三，杂草或可产生趋避害虫的化合物，或可为害虫天敌提供花粉、花蜜和越冬场所；第四，有些杂草可作为牲畜饲料和有机肥源，有利用价值。因此，在有机茶园管理中，应充分认识杂草既有利又有害的双重性，合理控制，趋利避害，达到促进茶树作物协调平衡发展的目的。

一、主要杂草种类

茶园杂草种类繁多。具体茶园的杂草种类、分布、群落、为害与茶园所处地区、生态条件、耕作制度、管理水平有关。

例如，在浙江已报道的主要茶园杂草有86种，分属32科，其中禾本科杂草占21.9%，菊科杂草占13.5%，石竹科杂草占6.3%。马唐、牛筋草、狗牙根、狗尾草、香附子、马齿苋、雀舌、繁缕、卷耳、看麦娘、早熟禾、马兰、漆姑草、一年蓬、艾蒿等是江浙一带为害严重的主要茶园杂草。

例如，在湖南已报道的主要茶园杂草有39科132种，其中以菊科、禾本科种类最多，占全部种类的24.2%；其次是唇形科、蔷薇科、蓼科、伞形科、石竹科、大戟科杂草，占全部种类的27.3%。菊科的艾蒿、鼠曲、马兰、一年蓬，禾本科的马唐、看麦娘、狗牙根，蓼科的辣蓼、杠板归，玄参科的婆婆纳，酢浆草科的酢浆草，茜草科的猪殃殃等杂草，不但发生频率高（在75%以上），而且具有很大的覆盖度和为害程度。

二、杂草的防治

茶树是多年生作物，茶园田间有害杂草的控制主要采用农业技术措施防治、机械清除、化学防治、生物防治相结合的方法进行。

（一）农业技术措施防治

新垦茶园或改造衰老低产茶园、荒芜茶园复垦时，必须彻底清除园内宿根性杂草及其他恶性杂草的根、茎，如白茅、蕨类、杠板归、狗牙根、艾蒿等，然后及时清除新生幼嫩杂草。在管理措施上，应覆盖黑色薄膜、遮阳网、作物秸秆等覆盖物，保护土壤，控制杂草生长。对幼龄茶园实行间作，减少杂草为害。含杂草种子的有机肥须经无害化处理，充分腐熟，以减少杂草种子传播。此外，加强有机茶园肥培管理和树冠管理，促进茶树生长，快速形成茶树树幅，是防治行间杂草最好的农业技术措施之一。

（二）机械清除

田间中耕除草、大规模机械化除草、结合施肥进行秋耕等措施，均属于机械清除。中耕除草可采用人工或机械化进行，应掌握"除早除小"的原则。1年生杂草在结实前进行；多年生杂草应在秋耕时切断其地下根茎，削弱积蓄养分的能力，使其逐年衰竭而死亡，还可进行机械割草覆盖茶园。

（三）化学防治

我国茶园可以推广使用的除草剂品种主要有西马津、阿特拉津、扑草净、敌草隆、灭草隆、异丙隆、除草剂1号、除草醚、毒草胺、百草枯、茅草枯、草甘麟以及地草平、灭草灵、黄草灵、甲基硫酸酯以及氟乐灵等。

夏秋季是茶园杂草为害最严重的时期，其次是春季，冬季南部茶区杂草较少。因此茶园化学除草，第一次最好选择3月底到4月初进行，第二次可在5月间进行，进入7月以后，如果杂草因伏天多雨而再度滋生，可再喷药1次。

（四）生物防治

目前，国内外研究用真菌、细菌、病毒、昆虫及食草动物来防除农田杂草，已取得一定进展。例如，在生产上普遍应用的利用鲁保一号真菌防除大豆菟丝子；寄生在列当上的镰刀菌——F789病菌，经新疆试验推广，防治瓜类列当的效果高达95%～100%。此外，还有寄生性的锈菌、白粉菌可以抑制苣荬菜、田旋花，如蓟属的锈菌可使蓟属杂草停止生长、80%的杂草植株死亡，商品化生产的棕桐疫霉可防除柑橘园中的莫伦藤杂草。美国、加拿大、日本更出售有商品化生产的微生物除草剂。

利用昆虫取食灭草。例如，尖翅小卷蛾是香附子的天敌，幼虫蛀入心叶，使其萎蔫枯死，继而蛀入鳞茎啮断输导组织。另外，该虫还能蛀食荆三棱、米莎草等莎草科植物。褐小荧叶甲专食蓼科杂草；叶甲科盾负泥虫专食鸭趾草；象甲科的尖翅简喙象嗜食黄花蒿，侵蛀率达82.7%～100%。

在有机茶园中，放养鹅、兔、鸡、山羊等动物进行取食，也能够取得抑制草害的效果。

（五）其他措施

茶园杂草的大量滋长，需要具备2个基本条件：首先是在茶园土壤中存在着杂草的繁殖种子或根茎、块茎等营养繁殖器官；其次是茶园具备适合杂草生长的空间、光照、养分和水分等。茶树栽培技术中的除草措施，主要是以减少杂草种子或恶化杂草生长条件为主，可以很大程度地防止或减少杂草的发生。

1.土壤翻耕

茶树种植前的园地深垦和茶树种植后的行间耕作都属于土壤深耕的内容。它既是茶园土壤管理的内容，也是杂草治理的一项措施。在开辟新茶园或对低产茶园进行换种改植时进行深垦，可以较好地根除茅草、狗牙草、香附子等顽固性杂草，大大减少茶园各种杂草的发生。1年生的杂草可以通过浅耕及时铲除，但对于宿根型多年生杂草及顽固性的杂草，以深耕效果为好。

2.行间铺草

茶园行间铺草的目的是减轻雨水、热量对茶园土壤的直接作用，改善土壤内部的水、肥、气、热状况，同时抑制茶园杂草的生长。主要作用有：一是可以稳定土壤热变化，减少地表水分蒸发量，防止或减轻茶树旱热害；二是可以减缓地表径流速度，防止或减轻土壤被冲刷，并促使雨水向土壤深层渗透，增加土壤蓄水量，提高土壤含水率，起到保土、保水、保肥的作用；三是可以增加土壤有机养分，保持土壤疏松，抑制杂草滋生，能够改善茶叶品质，提高茶叶产量。

在茶园行间铺草，可以有效地阻挡光照，被覆盖的杂草会因缺乏光照而黄化枯死，从而使茶树行间杂草发生的数量大大减少。茶园铺草以铺草后不见土为原则，最好把茶行间所有空隙都铺上草，厚度应在8～10cm。一般来说茶园铺草越厚，减少杂草发生的作用也就越大。草料不能带草籽，可选用不带病菌虫害的稻草、绿肥、麦秆、豆秸、山草、蔗渣等，通常每667m^{2}铺草1000～1500kg。

3.间作绿肥

幼龄茶园和经过重修剪、台刈的茶园，茶树行间空间较大，可以适当间作绿肥，不仅可以大量增加土壤有机养分含量，改善土壤结构，而且可以增加茶园行间绿色覆盖度，减少土壤裸露，使杂草生长的空间大为缩小，还可以降低地温，降低地表径流，增加雨水渗透。绿肥的种类可根据茶园类型、生长季节进行选择，落花生、大绿豆等短生匍匐型或半匍匐型绿肥适合 1 年生至 2 年生茶园选用，3 年生茶园或台刈改造茶园可选用乌豇豆、黑毛豆等生长快的绿肥。一般情况下，种植的绿肥应在生长旺盛期刈青后直接埋青或作为茶园覆盖物。

4.提高茶园覆盖度

提高茶园覆盖度是茶叶增产和提高土地利用率的共同要求，同时对于抑制杂草的生长非常有效。生产实践证明，只要茶园覆盖度达到 80% 以上，茶树行间地面的光照明显减弱，杂草发生的数量及为害程度大为减少；覆盖度达到 90% 以上，茶行互相郁闭，行间光照非常弱，各种杂草的生长就更少了。

第四节　常见气象灾害预防

一、茶树寒、冻害及其预防

寒害是指茶树在其生育期间遇到反常的低温而遭受的灾害，温度一般在 0℃ 以上。如春季的寒潮、秋季的寒露风等，往往使茶萌芽期推迟，生长缓慢。冻害是指低空温度或土壤温度短时期降至 0℃ 以下，使茶树遭受伤害。茶树受冻害后，往往生机受到影响，产量下降，成叶边缘变褐，叶片呈紫褐色，嫩叶出现"麻点""麻头"。用这样的鲜叶制得的成茶滋味、香气均受影响。

（一）茶园寒、冻害的类型

茶园常见的寒、冻害有冰冻、风冻、雪冻及霜冻 4 种。长江以南产茶区以霜冻和雪冻为主，长江以北产茶区 4 种冻害均有发生。

1.冰冻

持续低温阴雨、大地结冰造成冰冻，茶农称为"小雨冻"。由于茶树处于 0℃ 以下的低温，组织内出现冰核而受害。如果低温再加上大气干燥和土壤结冰，土壤中的水分移动和上升受到阻碍，则叶片由于蒸腾失水过多而出现冻害。开始时树冠上的嫩叶和新梢顶端容易发生为害，受害 1 ～ 2d 后叶片变为赤褐色。

在晴天，发生土壤冻结时，冻土层的水形成柱状冰晶，体积膨大，将幼苗连根抬起。解冻后，茶苗倒伏地面，根部松动，细根被拉断而干枯死亡，对定植苗威胁很大甚至使其死亡，所以发生冻土的茶区不宜在秋季移植。

2.雪冻

大雪纷飞，树冠积雪压枝，如果树冠上堆雪过厚，会使茶枝断裂，尤其是雪后随即升温融化，融雪吸收了树体和土壤中的热量，若再遇低温，地表和叶面都可结成冰壳，形成覆雪—融化—结冰—解冻—再结冰的雪冻灾害。这样骤冷骤热、一冻一化（或昼化夜冻）的情况下，使树体部分细胞遭受破坏，其特点是上部树冠和向阳的茶树叶片、枝梢受害严重。积雪也有保温作用，较重冻害发生时，有积雪比无积雪的冻害程度会轻，积雪起到保护茶树免受深度冻害的作用。

3.霜冻

在日平均气温为 0℃以上时期内，夜间地面或茶树植株表面的温度急剧下降到 0℃以下，叶面上结霜，或虽无结霜但引起茶树受害或局部死亡，称之霜冻。霜冻有"白霜"和"黑霜"之分。气温降到 0℃左右，近地面空气层中的水汽在物体表面凝结成一种白色小冰晶，称为"白霜"；有时由于空气中水汽不足，未能形成"白霜"，这样的低温所造成的无"白霜"冷冻现象称作"暗霜"或"黑霜"，这种无形的"黑霜"会破坏茶树组织，其为害往往比"白霜"重。所以说，有霜冻不一定见到霜。

根据霜冻出现的时期，可分为初霜与晚霜，一般晚霜为害比初霜严重。通常在长江中下游茶区一带，晚霜多出现在 3 月中下旬，这时，茶芽开始萌发，外界气温骤然降至低于茶芽生育阶段所需的最低限度，造成嫩芽细胞因冰核的挤压，生机停滞，有时还招致局部细胞萎缩，新芽褐变死亡。轻者也产生所谓"麻点"现象，芽叶焦灼，造成少数腋芽或顶芽在短期内停止萌发，春茶芽瘦而稀。

（二）茶树寒、冻害的防护

经常性的寒、冻害对茶叶的产量、品质有很大的影响，因此，对新建茶园而言，应充分考虑这一因素对茶叶生产的影响。已建茶园则在原来的基础上改善环境、运用合理的防护技术，降低茶树受寒、冻害影响所造成的损失。

1.新建茶园寒、冻害的防护

茶园建设之初，充分考虑寒、冻害带来的影响，可有效降低灾害发生带来的影响。

（1）地形选择。寒、冻害发生严重的地方，茶园选地时要充分考虑到有利于茶树越冬。园地应设置在朝南、背风、向阳的山坡上，最好是孤山，或附近东、西、南三面无山，否则易出现"回头风"和"串沟风"，对茶树越冬不利。山顶风大土干，山脚夜冷霜大。正如俗语所说"雪打山梁霜打洼"，故茶树多种在山腰上。山地茶园最好就坡而建，因为坡地温度一般比平地高2℃左右，而谷地温度比平地要低2℃左右，谷地茶园两旁尽量保留原有林木植被。在易受冻害的地带，最好布置成宽幅带状茶园，使茶园与原有林带或人工防风林带相间而植，林带方向应垂直于冬季寒风方向，以减少寒风为害。

（2）选用抗寒良种。这是解决茶树受冻的根本途径。我国南部茶区栽培的大叶种茶树抗寒力较弱，而北部茶区栽培的中小叶种茶树抗寒力较强，即使同是中小叶种，品种间抗寒能力也不尽一致。一般来说，高寒地区引种应选择从纬度较北或海拔较高的地方引入，使引入的种子和茶树品种与当地气候条件差异小，不致引起冬季严重寒、冻害的发生。或自繁自用，以利用它们已经具备的、能适应当地气候条件的抗寒能力。

（3）深垦施肥。种植前深垦并施基肥，能提高土壤肥力，改良土壤，提高地温，培育健壮树势。

（4）营造防护林带，建立生态茶园。在开辟新茶园时，有意识地保留原有部分林木，绿化道路，营造防护林带，以便阻挡寒流袭击并扩大背风面，改善茶园小气候，这是永久性的保护措施。一般依防护林带的有效防风范围为林木高度的15～20倍来建设。

2.现有茶园寒、冻害的防御措施

合理运用各项茶园培育管理技术，促进茶树健壮成长，可以提高茶树抗寒能力。寒、冻害发生时，通过各种防冻措施的运用，对降低和控制寒、冻害的影响程度有着一定的作用。

（1）茶园寒、冻害防护培管措施。对茶园寒、冻害防护的生产措施可考虑以下几方面工作。

1）深耕培土。合理深耕，排除湿害，可促进细根向土壤下层伸展，以增强抗寒力。培土可以保温，也有利减少土壤蒸发，保存根部的土壤水分，因而有防冻作用。在深耕的同时，将茶树四周的泥土向茶树根颈培高 5～10cm。福建、四川不少茶区素有"客土培园""壅土培兔"经验，它兼有改土作用，对土层较薄的茶园效果更佳。

2）冬季覆盖。覆盖有防风、保温和遮光 3 种效果。防风的目的在于能控制落叶，抑制蒸发。保温的作用在于防止土壤冻结，减轻低温对光合作用的阻碍，同时能抑制蒸发。这种效果在冬季寒、冻害发生时格外显著。在往常年冻害来临之前，用稻草或野草覆盖茶丛，有预防寒风之效，但要防止覆盖过厚，开春后要及时掀除。茶园铺草或蓬面盖草的防冻效果是极其显著的，此法在我国各茶区应用较为普遍。铺草能提高地温 1～2℃，减轻冻害，降低冻土深度、保护茶树根系不至于因冻害而枯萎死亡；蓬面盖草可防止叶片受冻以及干寒风侵袭所造成的过度蒸腾。盖草一般在小雪前后进行，材料可选杂草、稻草、麦秆、松枝或塑料薄膜，以盖而不严、稀疏见叶为宜，使茶树既能正常进行呼吸作用，又能使呼吸放出的热量有所积聚，还能提高冠面温度。江北茶区在翌年 3 月上旬撤除覆盖物，南部地区可适当提前。据观测，蓬面盖草可使夜间最低温提高 0.3～2.0℃。

3）茶园施肥。茶园施肥应做到"早施重施基肥，前促后控分次追肥"。基肥应以有机肥为主，适当配用磷、钾肥，做到早施、重施、深施；高纬度、高海拔地区，深秋初冬气温下降快，茶树地上部和地下部生长停止期比一般茶区早，如推迟基肥施用时期，断伤根系在当年难以恢复生长，这就会加重茶树冻害，处暑至白露施基肥较好。"前促后控"的追肥方法是指春、夏茶前追肥可在茶芽萌动时施，促进茶树生长；秋季追肥应控制在立秋前后结束，不能过迟，否则秋梢生长期长，起不到后控作用，对茶树越冬不利。

4）茶园灌溉。灌足越冬水，辅之行间铺草，是有效的抗冬旱防冻技术。在晚间或霜冻发生前的夜间进行灌溉，其防霜作用可连续保持 2～3 夜，热效平均可提高 2～3℃。灌溉效应表现在以下几个方面：灌溉水温比土温高，从而提高土温；水汽凝结，放出大量汽化潜热，阻止地表温度下降；土壤导热率增加，有利下层热量向上层传导，补充地表温度的散失。

5）修剪和采摘。在高山或严寒茶园的树形以培养低矮茶蓬为宜，采用低位修剪，并适当控制修剪程度，增厚树冠绿叶层，这样可减轻寒风的袭击。冬季和早春有严重冻害发生的地区，可将修剪措施移至春季气温稳定回暖时，或春茶后进行，一般茶区，修剪时间应于茶树接近休眠期的初霜前进行。过早，剪后若再遇气温回暖，引起新芽萌动，随后骤寒受冻；过迟，受低温影响，修剪后对剪口愈合、新芽孕育不利。茶叶采摘，做到"合理采摘，适时封园"，可以减轻茶树冻害。合理采摘应着重考虑留叶时期，以及适当缩小秋茶比重和提早封园。如果秋茶采摘过迟，消耗养分量多，树体易受冻害。幼年茶树采摘要注意最后一次打顶轻采的时期，使之采后至越冬前不再抽发新芽为宜。

（2）防寒、防冻的其他方法。各地都有许多不同的寒、冻害防护经验，因地制宜地利用物理方法，采取不同的措施，有的也在探讨利用外源药物的方法对寒、冻害发生加以防护。

茶园寒、冻害发生时采用的物理方法主要有以下几种。

1）熏烟法。霜冻发生期能够借助烟幕防止土壤和茶树表面失去大量热量，起着"温室效应"的作用。因为霜是夜间辐射冷却时形成于物体或植物表面的水汽凝结现象，烟的遮蔽可使地面夜间辐射减少；水汽凝结于吸湿性烟粒上时能释放潜热，可提高近地面空气温度，不致发生霜冻。此法适用于山坞、洼地茶园防御晚霜。熏烟法是当寒潮将要来临时，根据风向、地势、面积设堆，气温降至2℃左右时在茶园内较空旷安全处点燃干草、谷糠等使形成烟雾，既可防止热量扩散，又可使茶园升温。

2）屏障法。平流霜冻的生成原因是冷空气的流入。屏障法是防止平流霜冻的主要措施。防风林、防风墙、风障等可减低空气的平流运动、提高气温、减少土壤水分蒸发，也提高了土温。

3）喷水法。在有霜的夜间，当茶树表面达到冰点时进行喷水，由于释放潜热（0℃时，每克水变成冰能释放334.94J热量），可使气温降低缓慢，只要连续不断地喷水直到黎明气温升高时为止，就可防止茶树叶片温度下降到冰点以下。同时，在植株上形成的冰片和冰核在短时间内就会融化。如遇晚霜为害，喷水还可洗去茶树上的浓霜。喷水强度每1000m² 面积上每小时喷水4m³。当降霜之夜，喷水茶园的叶温和蓬面温度大体保持在0℃，而不喷水茶园的温度降低到 - 8℃左右。

采用喷水结冰法，一旦喷水开始，必须要连续喷水到日出以前，若中途停止，由于茶芽中水温下降到0℃以下，则比不喷水时更易受为害。

二、茶树旱、热害及其防护

茶树因水分不足，生育受到抑制或死亡，称为旱害。当温度上升到茶树本身所能忍受的临界高温时，茶树不能正常生育，产量下降甚至死亡，谓之热害。热害常易被人们所忽视，认为热害就是旱害，其实二者既有联系，又有区别。旱害是由于水分亏缺而影响茶树的生理活动，热害是由于超临界高温致使植株蛋白质凝固，酶的活性丧失，造成茶树受害。

由于降水量的分布不均匀，在长江中下游茶区，每年的 7～8 月，气温较高，日照强，空气湿度小，往往发生夏旱、伏旱、秋旱和热害，严重地威胁着茶树生长。中国农业科学院茶叶研究所研究指出，当日平均气温 30℃以上，最高气温 35℃以上，相对湿度 60% 以下，当土壤水势为 –0.8MPa 左右，土壤相对持水量 35% 以下时，茶树生育就受到抑制，如果这种条件持续 8～10d，茶树就将受害。

（一）旱、热害的症状

茶树遭受旱、热害，树冠丛面叶片首先受害，先是越冬老叶或春梢的成叶，叶片主脉两侧的叶肉泛红，并逐渐形成界限分明但部位不一的焦斑。随着部分叶肉红变与支脉枯焦，继而逐渐由内向外围扩展，由叶尖向叶柄延伸，主脉受害，整叶枯焦，叶片内卷直至自行脱落。与此同时，枝条下部成熟较早的叶片出现焦斑、焦叶，顶芽、嫩梢亦相继受害，由于树体水分供应不上，致使茶树顶梢萎蔫，生育无力，幼芽嫩叶短小轻薄，卷缩弯曲，色枯黄，芽焦脆，幼叶易脱落，大量出现对夹叶，茶树发芽轮次减少。随着高温旱情的延续，植株受害程度不断加深、扩大，直至植株干枯死亡。

热害是旱害的一种特殊表现形式，为害时间短，一般只有几天，就能很快使植株枝叶产生不同程度的灼伤干枯。茶苗受害是自顶部向下干枯，茎脆，轻折易断，根部逐渐枯死，根表皮与木质部之间成褐色，若根部还没死，遇降雨或灌溉又会从根茎处抽发新芽。

（二）干旱胁迫对茶树的影响

茶树受干旱胁迫时，其生理代谢会发生一系列变化，如酶活性、水势、生化成分、激素水平等都会有影响。

1.干旱胁迫对叶片中主要保护酶类的影响

抗旱性强的品种在非胁迫环境下其体内有较高的过氧化氢酶（CAT）活性，且能在干旱胁迫中使超氧化物歧化酶（SOD）、CAT活性维持在较高水平上或提高到较高水平，而抗旱性弱的品种正好相反。研究表明，轻度干旱胁迫下，过氧化物酶的活性低；严重的水分胁迫下，过氧化物酶活性表现出相反的规律，并认为在一定的水分胁迫范围内，过氧化物酶活性可用作茶树耐旱性的鉴定指标。

2.干旱胁迫对叶片细胞代谢成分的影响

植物为了适应逆境条件，基因表达会发生一些变化，正常蛋白质合成受阻，而诱导产生一类新的适应性蛋白质，逆境蛋白、热激蛋白、水分胁迫蛋白、厌氧蛋白、活性氧胁迫蛋白就是其中的几种。高温干旱条件下，植物为了减轻伤害，引起脱落酸（ABA）的积累，启动热激蛋白和水分胁迫蛋白以及诸如超氧化物歧化酶之类的活性氧胁迫蛋白的合成。研究发现在水分亏缺的条件下，茶树叶片中可溶性蛋白质的含量下降。表明其降解加快或合成受阻，从而加速了叶片的衰老。特别是对干旱比较敏感的品种，如龙井43，叶片中可溶性蛋白质的含量下降了21.7%。然而，抗旱品种，如大叶云峰，叶片中可溶性蛋白质的含量下降不多。与此同时，细胞内游离氨基酸含量却有所增高。游离氨基酸的累积对于缓和或解除逆境下细胞中氮的毒害起到一定的作用，尤其是偶极性氨基酸——脯氨酸（细胞内重要的渗透调节物），起着稳定膜结构和增加细胞渗透势的作用。另外，叶片中可溶性糖的含量在干旱条件下也呈上升趋势，可溶性糖含量的增加有助于降低细胞的渗透势，维持在水势下降时的细胞膨压，从而抵御水分亏缺的不良作用，这是一些品种具有较强抗旱能力的生化基础。

3.干旱胁迫对茶树体内激素水平变化的影响

潘根生等研究表明，干旱胁迫引起脱落酸（ABA）迅速累积，在胁迫过程中叶片内源ABA含量不断上升。干旱引起ABA累积的生理效应主要是导致气孔关闭，增加根对水的透性，诱导脯氨酸累积，因此干旱时脯氨酸的累积可能是对ABA增加的一种反应。茶树的抗旱能力与其体内的激素水平变化及比例有关：在水分胁迫下，生长素含量不断增加，脱落酸含量也持续上升，但耐旱型品种叶片的脱落酸累积速率低于干旱敏感型品种；而玉米素的含量则下降，耐旱性强的品种下降幅度相对较小；脱落酸与玉米素的比值不断上升，其规律与品种耐旱性的强弱一致。

（三）旱、热害的防护

防御茶树旱、热害的根本措施在于选育抗逆性强的茶树品种，加强茶园管理，改善和控制环境条件，密切注意干旱季节旱情的发生与发展，做到旱前重防、旱期重抗。

1.选育较强抗旱性的茶树品种

选育较强抗旱性的茶树品种是提高茶树抗旱能力的根本途径。茶树扎根深度影响无性系的抗旱性，根浅的对干旱敏感，根深的则较耐旱。另据报道，耐旱品种叶片上表皮蜡质含量高于易旱品种。在蜡质的化学性质研究中，发现了咖啡碱这一成分以耐旱品种含量为高，所以茶树叶片表面蜡质及咖啡碱含量与抗旱性之间有一定的关系。据研究，茶树叶片的解剖结构，如栅栏组织厚度与海绵组织厚度的比值、栅栏组织厚度与叶片总厚度的比值、栅栏组织的厚度、上表皮的厚度等均同茶树的抗旱性呈一定的相关性。

2.合理密植

合理密植，能合理利用土地，协调茶树个体对土壤养分、光能的利用。双行排列的密植茶园，茶园群体结构合理，能迅速形成覆盖度较大的蓬面，从而减少土壤水分蒸发，防止雨水直接淋溶、冲击表土，有效防止水土流失。同时茶树每年以大量的枯枝落叶归还土壤表层，对土壤有机质的积累、土壤结构改良、土壤水分保持均起良好的作用，但茶园随着种植密度的增加，种植密度大的土壤含水量下降明显，表现为易遭旱害。因此，对多条密植茶园应加强土壤水分管理，更应注意旱季补水。

3.建立灌溉系统

有条件处可以建立灌溉系统。茶园灌溉是防御旱热害最直接有效的措施，旱象一露头就应进行灌溉浇水，并务必灌足浇透，倘若只是浇湿表面，不但收不到效果，反而会引起死苗。旱情严重时，还应连续浇灌，不可中断。各地根据自身条件，可采用喷灌、自流灌溉或滴灌等灌水方法，其中以喷灌效果较好。

4.浅锄保水

及时锄草松土，行间可用工具浅耕浅锄，茶苗周围杂草宜用手拔，做到除早、除小，可直接减少水分蒸发，保持土壤含水量。但要注意旱季晴天浅耕除草会加重旱害，宜在雨后进行。

5.遮阴培土

铺草覆盖、插枝遮阴、根部培土，可降低热辐射，减少水分蒸腾与蒸发。培土应从茶苗 50cm 以外的行间挖取，培厚 6～7cm，宽 15～20cm。据调查，对 1 年生幼龄茶园进行铺草覆盖，茶树受害率要比没有铺草的降低23%～40%。

6.追施粪肥

结合中耕除草，在幼年茶树旁边开 6～7cm 深的沟浇施稀薄人、畜粪尿（粪液约含 10%），既可壮苗，增强茶苗抗旱能力，又可减轻土壤板结，促进还潮保湿作用。

7.喷施维生素C

印度的东北部对此进行了反复试验，用适当浓度的维生素 C 对茶树叶面喷射，可以诱导和提高茶树的抗旱性。这是因为维生素 C 能使抗坏血酸过氧化物酶的活性提高，从而使细胞和组织内游离氨基酸含量增加，并能增加原生质的黏性和弹性，使细胞内束缚水含量增加，提高胶体的水合作用。

有学者将抗蒸腾剂（ABA 等）应用于茶树，通过使用抗蒸腾剂，改善了幼龄和成龄茶树的水分状况，提高了植株的水势。新型生物制剂壳聚糖在作物上使用，不仅可以调节植物的生长发育，还可以诱导植物产生抗性物质，提高植物的抗逆性，具有广阔的发展前景。

（四）旱、热害后的补救措施

1.修剪

旱、热害初时茶树叶片萎蔫，随着为害的深入，茶树叶片枯焦至枝条干枯，甚至整丛枯死。对于焦叶、枯枝现象发生较重的茶园，当高温干旱缓解后，伴随有数次降雨，茶树处于恢复生长过程中，之后的天气不会再带来严重旱情时，可进行修剪，剪除上部枯焦枝条。对于整丛枯死的，要挖掉并进行补缺。受旱茶树无论修剪与否，之后均应留养，以复壮树冠。

2.加强营养

由于受到旱、热害的影响，要及时补充养分，以利茶树生长的恢复。通常是在茶树修剪后，可每 667m² 施 30～50kg 复合肥，如此时已近 9 月下旬，可与施基肥一起进行，增加200kg左右的菜饼肥。

3.及时防治病虫害

旱、热害后，茶树叶片的抗性会降低，其伤口容易感染病害，如茶叶枯病、茶赤叶斑病等，而且高温干旱期间，茶树容易受到假眼小绿叶蝉、螨类、茶尺蠖等为害，加重旱害的程度。因此，要注意相关病虫害的发生，及时采取生物及化学防治措施。

三、茶树湿害及其防护

茶树是喜湿怕淹的作物，在排水不良或地下水位过高的茶园中，常常可以看到茶树连片生育不良，产量很低，虽经多次树冠改造及提高施肥水平，均难以改变茶园的低产面貌，甚至逐渐死亡，造成空缺，这就是茶园土壤的湿害。所以在茶园设计不周的情况下，茶园的湿害还会比旱害严重。同时也会因为湿害，导致茶树根系分布浅，吸收根少，生活力差，到旱季，渍水一旦退去，反而加剧旱害。

（一）湿害的症状

茶树湿害的主要症状是分枝少，芽叶稀，生长缓慢以至停止生长，枝条灰白，叶色转黄，树势矮小多病，有的逐渐枯死，茶叶产量极低，吸收根少，侧根伸展不开，根层浅，有些侧根不是向下长而是向水平或向上生长。严重时，输导根外皮呈黑色，欠光滑，生有许多呈瘤状的小突出。

湿害发生时，深处的细根先受其害，不久后，较浅的细根也开始受伤，粗根表皮略呈黑色，继而细根开始腐烂，粗根内部变黑，最终是粗根全部变黑枯死。由于地下部的受害，丧失吸收能力，而渐渐影响地上部的生长，先是嫩叶失去光泽显黄，进而芽尖低垂萎缩。成叶的反应比嫩叶迟钝，表现为叶色失去光泽而萎凋脱落。

湿害茶园，将茶树拔起检查，很少有细根，粗根表皮略呈黑色。由于受害的地下部症状不易被人们发现，等到地上部显出受害症状时，几乎已不可挽救了。

（二）湿害的原因

茶树发生湿害的根本原因是土壤水分的比率增大，空气的比率缩小。由于氧气供给不足，根系呼吸困难，水分、养分的吸收和代谢受阻。轻者影响根的生长发育，重者窒息而死。渍水促进了矿质元素的活化，增加了溶液中铁与锰的浓度，施加较高量的有机质更能促进铁的淋溶损失，渍水土壤中，pH值一般向中性发展，并随时间的延长，酸性土壤的pH值随之升高。

在渍水土壤中，有机质氧化缓慢，分解的最终产物是二氧化碳、氢、甲烷、氨、胺类、硫醇类、硫化氢和部分腐殖化的残留物，主要的有机酸是甲酸、乙酸、丙酸和丁酸。铁、锰以锈斑、锈纹或结核的形态淀积，永久渍水层由于亚铁化合物的存在而呈蓝绿色，由于缺氧，好氧性微生物死亡，厌氧性微生物增殖，加速土壤的还原作用，导致各种还原性物质产生。在这种条件下，土壤环境恶化，有效养分降低，毒性物质增加，茶树抗病力低，因此造成茶根的脱皮、坏死、腐烂。这种现象在土壤中有非流动性的积水时更为常见。

（三）湿害的排除

由于湿害多发生在土地平整时人为填平的池塘、洼地处，或耕作层下有不透水层，山麓或山坳的茶园积水地带。故排除湿害应根据湿害的原因，采取相应的措施，以降低地下水位或缩短径流在低洼处的滞留时间。

在建园时土层80cm内有不透水层，宜在开垦时予以破坏，对有硬盘层、黏盘层的地段，应当深垦破塥，以保持1m土层内无积水。如果在建园之初未破除硬盘层的茶园，栽种后发现有不透水层也应及时在行间深翻破塥补救。

完善排水沟系统是防止积水的重要手段，在靠近水库、塘坝下方的茶园，应在交接处开设深的横截沟，切断渗水。对地形低洼的茶园，应多开横排水沟，而且茶园四周的排水沟深达60~80cm；当80cm土层内有坚硬的岩石（在一块茶园中占面积不大时），或原是地块的集水处、池塘等处，应设暗沟导水，具体方法是：每隔5~8行茶树开一条暗沟，沟底宽10~20cm，沟深60~80cm，并通达纵排水沟，沟底填块石，上铺碎石、沙砾。为防止泥沙堵塞，上面加敷一层聚乙烯薄膜，最后填土镇压，暗沟上的土层最少要有60cm深。如果土壤黏重的，最好掺以沙土，使水易于渗透。因暗沟的设立费工较多，故在新建茶园规划时，对上述地块的利用要慎重考虑。

对于建园基础差的湿害严重的茶园，应结合换种改植，重新规划，开设暗沟后再种茶。如不宜种茶，可改作他用。

茶园灾害性气象除了寒害、冻害、旱害、热害、湿害主要几种危害外，还有风害、雹害等。对于这些自然灾害的防控，各地都有许多好的经验。实践证明，为了保护茶园土壤和茶树、改善局部小气候，应营造防风林、设置风障来降低风力、防止风害的发生。营造防护林带可减少寒、冻、水、旱、热、风、雹等自然灾害的发生，是一项治本的措施。林木可涵养水源，保持水土，调节气温，减少垂直上升气流的发生，避免大风与冰雹的形成。防护林带内十分有利于露的沉降，与开阔地（即无防护条件时）对比，在风障后相当于其高度 2～3 倍的地带上，露的沉降量约为开阔地的 2 倍。根据相同的道理，作为风障的防护林，将可以俘获更多的雾，这无疑对茶树生长是有利的。在防风林带的保护下，可使茶叶产量、品质得到提高和改善。

第七章
茶叶加工技术

第一节　手工炒茶技术

炒茶分生锅、二青锅、熟锅，三锅相连，序贯操作。炒茶锅用普通板锅，砌成三锅相连的炒茶灶，锅呈 25°～ 30° 倾斜。炒茶扫把用毛竹扎成，长 1m 左右，竹枝一端直径约 10cm。

炒青是一个术语，是指在制作茶叶的过程中利用微火在锅中使茶叶萎凋的手法，通过人工的揉捻令茶叶水分快速蒸发，阻断了茶叶发酵的过程，并使茶汁的精华完全保留的工序。是制茶史上一个大的飞跃。

一、手工与机器炒茶的差别

手工炒制的茶叶一般都较完整、鲜亮，口感比较清纯，机器炒制茶形不是很好，并且因为不能控制轻重度会产生断裂或过火。

二、手工炒茶步骤

（一）清除茶叶杂质

先要将刚采摘的茶叶进行清理，去掉小虫子、碎屑等杂物，清洗干净，晾干水分，注意采摘茶叶时最好选择"1 芽 1 叶"的茶，品质要更好些。

（二）炒茶

洗干净锅，将沥干水分的茶叶倒进锅中，最好用大锅炒茶，受热面积大，茶叶受热更为均衡，火候要控制好，炒茶时要不停地用手翻炒，手要干净，动作要快，用小火炒，不然茶叶会烧焦。注意不可以戴一次性的手套，以免影响茶质。

（三）揉搓茶叶

在炒茶的过程中要边炒，边进行揉搓，让叶子能更好地卷缩。炒茶的时间很长，一般要 1 ～ 2h，要将茶叶炒成深褐色就可以了，这过程中要不停地揉搓，快速地翻炒。

（四）晾凉茶叶

将炒好的茶叶用报纸垫着盛在容器里，将它晾凉，第二天就可以冲茶喝了。

第二节 绿茶加工技术

绿茶是我国生产的主要茶类之一，历史悠久、产区广、产量多、品质好、销量稳，这是中国绿茶生产的基本特点。目前，中国已成为全球最大的绿茶生产、加工和出口国。早在 1000 多年前的唐代，我国就已采用蒸青方法加工绿茶。近几十年来，我国绿茶加工在传承了传统炒制技术的基础上，由手工方式逐渐转变成机械化、连续化和清洁化加工。

绿茶一直是中国茶叶产业的重要支柱，特别是近一段时期以来，由于受国内外绿茶需求增长和良好经济效益的推动，中国绿茶生产规模不断扩大，产量日益增加。伴随着国内茶叶消费总体增长趋势，中国绿茶内销量也呈现增长态势，2019 年中国绿茶内销量为 121.42 万吨，销售额为 1596.7 亿元；2020 年中国绿茶内销量为 127.91 万吨，销售额为 1699.2 亿元。中国是全球最大的绿茶出口国，2016 ～ 2019 年中国绿茶出口数量不断增加，2020 年稍有下降，2020 年中国绿茶出口数量为 29.34 万吨，较 2019 年减少了 1.07 万吨。

中国不仅是绿茶的生产和出口主要国家，也是绿茶消费大国，绿茶消费量占茶叶总消费量的 70% 以上。内销绿茶的主流是名优绿茶，市场遍及全国各大、中城市和乡村，主要分布在上海、浙江、安徽、北京、江苏、山东等地。近年来，国内绿茶消费增长十分强劲，特别是华北和东北市场，绿茶消费增幅较大。

中国的外销绿茶以眉茶、珠茶和蒸青茶为主，年出口量约占全国茶叶出口总量的75%。目前，中国绿茶已出口至世界六大洲的120个国家和地区，但市场较为集中，主要在非洲、亚洲与欧洲，其中亚洲和非洲地区占80%。摩洛哥为我国茶叶出口第一大市场，其次是美国、乌兹别克斯坦、日本、俄罗斯、阿尔及利亚、毛里塔尼亚、伊朗和多哥，上述9个国家和地区占我国茶叶出口总量的62.85%。

一、绿茶的品质特点

绿茶是不发酵茶，其初制是先用高温杀青，破坏鲜叶中酶的活性，再经揉捻和干燥而成。绿茶加工在技术上尽量避免多酚类物质的酶促和非酶促氧化，因而绿茶具有"清汤绿叶"的品质特征。

绿茶根据干燥和杀青方式的不同，可分为炒青绿茶、烘青绿茶、晒青绿茶和蒸青绿茶4类。用滚筒或锅炒干的绿茶称为炒青绿茶，用烘焙方式进行干燥的绿茶称为烘青绿茶，利用日光晒干的绿茶称为晒青绿茶，鲜叶经过蒸汽杀青加工而成的绿茶称为蒸青绿茶。除此之外，还有半烘炒绿茶和半蒸炒绿茶等。

品质优良的绿茶，其品质特点是干茶色泽翠绿，冲泡后清汤绿叶，具有清香或熟栗香、花香等，滋味鲜醇爽口，浓而不涩。但不同种类的绿茶都有各自的品质特点。

（1）炒青眉茶。毛茶条索紧结，略弯曲，色绿。高级炒青具有明显的熟栗香，汤色黄绿，滋味鲜浓爽口。精制后的珍眉，条索细紧挺直，色泽润绿有霜。安徽的"屯绿"和江西的"婺绿"，条索紧结粗壮，滋味浓厚；浙江杭州的"杭绿"和温州的"温绿"，条索细紧，滋味鲜醇爽口。

（2）龙井。外形扁平挺直、嫩绿光滑，茶汤清香明显，汤色黄绿明亮，滋味鲜甜醇厚，有鲜橄榄的回味。

（3）旗枪。外形与龙井相似，但扁平、光滑的程度不及龙井。特级旗枪冲泡后一叶一芽，形似一旗一枪而得名，香味也类似龙井。

（4）大方。形状扁平多棱角，叶色黄绿微褐，冲泡后具有熟栗香，汤色黄绿。

（5）珠茶。圆形颗粒状，很重实，有"绿色珍珠"之称，色泽乌绿油润，冲泡后汤色、叶色均黄绿明亮，滋味浓厚，耐冲泡。

（6）碧螺春。干茶条索纤细匀整，呈螺形卷曲，白毫显露，色绿，汤色碧绿清澈，清香、味鲜甜。

（7）高桥银峰。干茶条索呈波形卷曲，峰苗明显、银毫显露，色泽翠绿、清香味醇。

（8）雨花茶。条索圆紧挺直如松针，叶色翠绿有茸毛。汤色清澈明亮，味鲜爽。

（9）六安瓜片。叶成单片，形似瓜子，叶色翠绿起霜，滋味鲜甜。

（10）安化松针。外形细紧挺直似松针，披白毫，叶色翠绿，味酸甜。

（11）信阳毛尖。条索细紧，翠绿色，白毫显露，有熟板栗香，滋味鲜醇。

（12）庐山云雾。外形条索细紧，青翠多毫，香气鲜爽，滋味醇厚。

（13）黄山毛峰。特级茶外形芽肥壮，形似"雀舌"，带有金黄片，叶色嫩绿，金黄油润，密披白毫，滋味鲜浓。冲泡后芽叶成朵。

（14）太平猴魁。形如含苞待放的白兰花，肥壮重实，色苍绿，叶脉微泛红，冲泡后略带花香，滋味鲜醇。

二、绿茶加工技术

绿茶的加工，简单分为杀青、揉捻（做形）和干燥 3 个步骤，其中关键在于初制的第一道工序，即杀青。鲜叶通过杀青，酶的活性钝化，内含的各种化学成分基本上是在没有酶影响的条件下，由热的作用进行物理化学变化，从而形成了绿茶的品质特征。

（一）杀青

杀青对绿茶品质起着决定性作用。杀青的主要目的：一是彻底破坏鲜叶中酶的活性，制止多酸类化合物的酶促氧化，以便获得绿茶应有的色、香、味；二是散发青气、发展茶香；三是改变叶子内含成分的部分性质，促进绿茶品质的形成；四是蒸发一部分水分，使叶质变为柔软，增加韧性，便于揉捻成条。

除特种茶外，该过程均在杀青机中进行。影响杀青质量的因素有杀青温度、投叶量、杀青机种类、时间、杀青方式等。它们是一个整体，互相牵连制约。

1.杀青技术因素

杀青技术因素主要是：一是杀青温度；二是杀青时间；三是投叶量以及鲜叶质量的相互关系。在相同的技术因素条件下，技术措施改变，杀青实际效果将有很大差异，二者关系十分密切。

2.杀青技术措施

杀青技术措施，主要有以下3点。

（1）高温杀青，先高后低。杀青的主要目的如上所述，要达到这些要求，都需要高温。鲜叶中所存在的多酚氧化酶和过氧化物酶等，对鲜叶中内含物质的变化有着直接或间接的促进作用。纯的多酚类化合物为白色粉末状，一经氧化便会变成黄色，进而变红色，甚至褐色。这种红色的本质主要是酶催化多酚类化合物氧化反应的产物。如果用高温破坏酶的活性，多酚类化合物就失去了催化氧化反应的条件，就不会迅速变红。杀青的根本目的就是利用高温破坏酶的催化活性。

（2）抛闷结合，多抛少闷。在具体炒法上，要透闷结合，也称抛闷结合。在高温杀青条件下，叶子接触锅底的时间不能过长，必须用抛炒来使叶子蒸发出来的蒸汽和青气迅速散发，无论是锅式杀青还是滚筒杀青都应如此。

（3）嫩叶老杀，老叶嫩杀。所谓老杀，主要标志是叶子失水多些；所谓嫩杀，就是叶子失水适当少些。因为嫩叶中酶活性较强，含水率较高，所以要老杀。如果嫩杀，则酶活性未彻底破坏，易产生红梗红叶。同时，杀青叶含水率过高，在揉捻时液汁易流失，加压时易成糊状，芽叶易断碎。

3.杀青的方式

绿茶的杀青方式有锅式杀青、滚筒杀青、蒸汽杀青、热风杀青以及微波杀青等。

（二）揉捻（做形）

揉捻是绿茶塑造外形的一道工序。通过利用外力作用，使叶片细胞破碎，卷转成条，体积缩小，且便于冲泡。同时部分茶汁挤出附着在叶表面，对提高茶滋味和浓度也有重要作用。

制绿茶的揉捻工序有冷揉与热揉之分。所谓冷揉，即杀青叶经过摊晾后揉捻；热揉则是杀青叶不经摊晾而趁热进行的揉捻。嫩叶宜冷揉以保持黄绿明亮的汤色与嫩绿的叶底，老叶宜热揉以利于条索紧结，减少碎末。

名优茶则是做形，做形的方法很多，每一种名优茶都有各自独特的做形方法，进而形成独特的外形。如龙井、碧螺春等。

（三）干燥

干燥的目的为蒸发水分，整理并固定外形，充分发挥茶香。干燥方法有烘干、炒干和晒干 3 种形式。烘干是指将揉捻后的茶叶直接用烘笼或烘干机烘干；炒干是利用滚筒炒干机将茶叶炒至一定的含水率；晒干是利用太阳的热量将茶叶晒干至一定的含水率。

第三节　红茶加工技术

我国红茶包括工夫红茶、小种红茶和红碎茶，其制法大同小异，都有萎凋、揉捻、发酵、干燥 4 个工序。各种红茶的品质特点都是红汤红叶，色香味的形成都有类似的化学变化过程，只是变化的条件、程度上存在差异而已。

一、萎凋

萎凋是指鲜叶在一定温度和湿度下失水，使硬脆的梗叶变成萎蔫凋谢状态的过程，是红茶初制的第一道工序。经过萎凋，可适当蒸发水分，叶片柔软，韧性增强，便于造形。此外，这一过程可使青草味消失，茶叶清香味现，是形成红茶香气的重要加工阶段。红茶的萎凋方法有自然萎凋和萎凋槽萎凋两种。自然萎凋即将茶叶薄摊在室内或室外阳光不太强处，搁放一定的时间。萎凋槽萎凋是将鲜叶置于通气槽体中，通以热空气，以加速萎凋过程，这是目前普遍使用的萎凋方法。

二、揉捻

红茶揉捻的目的，与绿茶相同，茶叶在揉捻过程中成形并增进色香味浓度，同时，由于叶细胞被破坏，便于在酶的作用下进行必要的氧化，利于发酵的顺利进行。

三、发酵

发酵是红茶制作的独特阶段，经过发酵，叶色由绿变红，形成红茶红叶红汤的品质特点。其机理是叶子在揉捻作用下，组织细胞结构受到破坏，透性增大，使多酚类物质与氧化酶充分接触，在酶促作用下产生氧化聚合作用，其他化学成分亦相应发生深刻变化，使绿色的茶叶产生红变，形成红茶的色香味品质。目前普遍使用发酵机控制温度和时间进行发酵。发酵适度时，嫩叶色泽红润，老叶红里泛青，青草气消失，具有熟果香。

四、干燥

干燥是将发酵好的茶坯，采用高温烘焙，迅速蒸发水分，达到保持干度的过程。其目的有：利用高温迅速钝化酶的活性，停止发酵；蒸发水分，缩小体积，固定外形，保持干度以防霉变；散发大部分低沸点青草气味，激化并保留高沸点芳香物质，获得红茶特有的甜香。

第四节　青茶（乌龙茶）加工技术

乌龙茶是介于绿茶（不发酵茶）和红茶（全发酵茶）之间的一类半发酵茶。乌龙茶有条形茶与半球形茶两类，半球形茶需经包揉。主产于福建、广东和我国台湾等地，安徽、湖北、浙江、贵州等地现在也有生产。主要有福建的武夷岩茶、铁观音；广东的凤凰单根和水仙以及我国台湾的文山包种茶。其工序概括起来可分为：萎凋、做青、炒青、揉捻（包揉）、干燥，其中做青是形成乌龙茶特有品质特征的关键工序，是奠定乌龙茶香气和滋味的基础。

一、萎凋

萎凋即是乌龙茶所指的晒青、晾青。通过萎凋散发部分水分，提高叶子韧性，便于后续工序进行；同时伴随着失水过程，酶的活性增强，散发部分青草气，利于香气透露。

乌龙茶萎凋的特殊性，区别于红茶制造的萎凋。红茶萎凋不仅失水程度大，而且萎凋、揉捻、发酵工序分开进行，而乌龙茶的萎凋和发酵工序不分开，两者相互配合进行。通过萎凋，以水分的变化，控制叶片内物质适度转化，达到适宜的发酵程度。萎凋方法有晒青和加温萎凋两种。

（一）萎凋（晒青）目的

一是蒸发水分，扩大叶片与梗之间含水率差距，为"走水"准备；二是加速化学变化，为提高香气，除去苦涩味作准备。

（二）萎凋（晒青）技术要点

（1）晒青在早晚进行。温度达到34℃，则要停止晒青，防止红变。

（2）晒青时间依据气温高低而定，日光强，空气干燥，则时间短，反之则长，一般为 10～60min。

（3）晒青技术掌握依据鲜叶状况而定，晒青不足，成茶香气不足，苦涩味重；晒青过度，产生"死青"，无法实现"走水还阳"。

（4）晒青适度标准，第一叶或第二叶下垂，青气减退，花香显露，减重率10%～15%，含水率为65%～68%。

（5）叶子薄摊，受热均匀。晒青之后，做青之前需要晾青，散发热量，避免红变死青。将晒青叶两筛并一筛，每筛摊叶量约0.5kg，轻轻抖动，移至室内晾青架上，边散热，边萎凋。

二、做青

做青是乌龙茶制作的重要工序，特殊的香气和绿叶红镶边就是在做青中形成的。

（一）做青目的和作用

（1）实现走水（还阳和退青），通过振动，实现茎梗中水分和可溶物向叶片输送；增加叶片有效成分含量，为耐泡提供物质基础，有利于香气、滋味的发展。

（2）茶叶在跳动过程中，叶片互相碰撞，擦伤叶缘细胞，从而促进酶促氧化作用。叶缘细胞的破坏，发生轻度氧化，叶片边缘呈现红色。叶片中央部分，叶色由暗绿转变为黄绿，即所谓的"绿叶红镶边"。

（3）做青叶有规律地跳动与静止，叶片水分缓慢蒸发，茶叶发生了一系列生物化学变化。做青间温度和湿度要相对稳定，温度 22～25℃；湿度要求为 80%～85%。做青前段时间要轻摇（少摇）、勤摇（静置时间短），以促进"走水"为主，"走水"顺利后采取重摇。

（二）做青方法

（1）手工做青，第二次摇青后要辅加"做手"（双手收拢叶子，轻轻拍打），先轻后重。

（2）机械做青有两种，一是摇青机，二是综合做青机。

（三）做青程度掌握

（1）叶脉透明，走水完成。叶脉内含成分输送到叶片，叶绿素破坏较多。
（2）叶面黄绿色，叶缘朱砂红，叶缘变色部分约占 30%。
（3）青气消失，散发花香。
（4）叶缘收缩，叶形呈汤匙状，翻动时有沙沙声响。
（5）减重率为 25%～28%，含水率约 65%。

手工做青结束后，将叶子倒入大青笤中，不断翻动，俗称"抖青"，弥补做青中理化变化不足。

三、炒青

乌龙茶的内质已在做青阶段基本形成，炒青是承上启下的转折工序，与绿茶的杀青一样，主要是抑制鲜叶中的酶活性，控制氧化进程，防止叶子继续红变，固定做青形成的品质。其次，使低沸点青草气挥发和转化，形成馥郁的茶香。同时通过湿热作用破坏部分叶绿素，使叶片黄绿而亮。此外，还可挥发一部分水分，使叶子柔软，便于揉捻。

四、揉捻

揉捻是青茶塑造外形的一道工序。通过利用外力作用，使叶片细胞破碎，卷转成条，体积缩小，且便于冲泡。同时部分茶汁挤出附着在叶表面，对提高茶滋味和浓度也有重要作用。

五、干燥

干燥可抑制酶促氧化，蒸发水分和软化叶子，并起热化学作用，消除苦涩味，使其滋味醇厚。

第五节 黑茶加工技术

黑茶是中国特有的茶类之一，主要有湖南的天尖、贡尖、生尖、黑砖、花砖、茯砖和花卷茶，湖北老青砖，四川的南路边茶和西路边茶，云南的普洱茶，广西的六堡茶和安徽的安茶。黑茶以边销为主，部分内销，少量侨销。

一、黑茶共同特点

黑茶炒制技术和压制成形的方法不尽相同，形状多样，品质不一，但都具有共同特点：一是原料粗老，一般新梢形成驻芽时才进行采割，叶老梗长；二是渥堆变色；三是高温汽蒸，目的是使茶坯变软，便于压制成形；四是压制成形。

二、黑茶加工技术

现以安徽的安茶为例。安茶为历史名茶，属黑茶类。创制于明末清初，产于祁门县西南芦溪、溶口一带；抗日战争期间停产，20 世纪 80 年代恢复生产。成品色泽乌黑，汤浓微红，滋味浓醇干爽，槟榔香，风味独特。内销广东、广西及我国香港，外销东南亚诸国，被誉为"圣茶"。现主要有"孙义顺"等几家在经营。安茶选用谷雨前后鲜叶，按传统的精制工艺加工而成。现将该茶加工工艺技术要点介绍如下。

（一）鲜叶采摘

祁门安茶以祁门楮叶群体种为主要原料，采摘标准一般以 1 芽 2 叶和 1 芽 3 叶初展为主，于谷雨前后 10d 采摘，5 ～ 7 月采夏茶。不采鱼叶、茶果、茶梗等杂质，使鲜叶保持匀净。采回的鲜叶要先薄摊于通风处 1 ～ 2h，以散发露水叶表面水分，雨水较重的鲜叶要用鲜叶表面脱水机脱水后再加工。

（二）加工工艺

安茶加工工艺：晒青→杀青→揉捻→烘干→毛茶→陈化→复软→复火→汽蒸→装篓→烘干。

晒青：晴日在竹席上将鲜叶摊开，厚度 3 ～ 5cm，每隔 30min 翻动一次，晒至叶色乌绿，叶质柔软，一般夏秋季晒 1h 左右，春末晒 2h 左右。

杀青：滚筒温度 300℃ 左右，时间为 1.5 ～ 2min，出锅稍晾，趁热揉捻。

揉捻搓条：用中小型揉捻机，加叶量偏大，揉捻时间约 40min，成条率 80% 以上，解块后复揉 20min。

机械干燥：用小型滚筒式炒干机炒干，每桶投叶 20kg，温度先高后低。

陈化：一般新炒制的茶叶并不直接饮用，而是贮存数月，春茶贮存至秋末，夏茶贮存至冬季，秋茶贮存至次年春末。

复软：经陈化的安茶，一般在露水下回潮，至茶叶手感明显发软为度，再复火。

成形：经汽蒸后茶叶，压紧装在小竹篓内（每小篓装茶 1.5kg、每大篓装 20 小篓），再放入烘橱内烘干，使凝结成椭圆形块状，即依竹篓容量成形。

第六节　黄茶加工技术

目前，黄茶的产区有四川、湖南、湖北、广东、浙江等地，但生产数量不多，黄茶主要内销，少量外销。

一、黄茶分类

黄茶的品质特点是黄汤黄叶、香气高锐、滋味醇爽。按照鲜叶的老嫩，黄茶可分为黄大茶、黄小茶和黄芽茶3类，制法各有特点，对鲜叶的要求也不同。高级黄茶的闷黄作业不是简单的一次完成，而是颜色分多次逐步变黄，以防变化过度和不足，造型分次逐步地塑造，达到外形整齐美观。

（1）黄大茶主要包括产于安徽霍山的"霍山黄大茶"和广东韶关、肇庆、湛江的"广东大叶青"。

（2）黄小茶主要有湖南岳阳的"北港毛尖"，湖南宁乡的"沩山毛尖"，湖北远安的"远安鹿苑"，浙江温州、平阳一带的"平阳黄汤"。

（3）黄芽茶原料细嫩，采摘单芽或1芽1叶加工而成。主要有湖南岳阳的"君山银针"，四川雅安、名山县的"蒙顶黄芽"，安徽霍山的"霍山黄芽"。

二、黄茶加工技术

黄茶的加工工艺与绿茶相似，主要工序为：鲜叶→杀青→揉捻→闷黄→干燥。

（一）鲜叶采摘要求

黄大茶一般可采1芽3～4叶新梢，黄小茶则要求芽叶细嫩、新鲜、匀齐、纯净。如君山银针为纯芽头制成，且在清明节前1周采，过了这个时间采的芽叶就只能作为制毛尖茶的原料；而广东大叶青是选用云南大叶种带毫的芽叶制成，要求芽2～3叶初展。

（二）杀青

黄茶杀青的目的和原理与绿茶基本相同，但在锅温、投叶量、杀青时间、操作技术的掌握方面有所差异。

1.锅温与投叶量

和绿茶相比，黄茶杀青锅温相对较低，投叶量也较少。黄小茶杀青锅温一般在 120 ~ 150℃，黄大茶一般在 160 ~ 180℃。由于锅温较低，因而投叶量较少，如君山银针 200 ~ 600g，蒙顶黄芽 150g。广东大叶青的原料为云大种，其杀青锅温和投叶量与绿茶相似。

2.杀青时间

和绿茶相比，杀青时间相对较短，一般 3 ~ 5min 即可完成杀青。如君山银针杀青时间为 3 ~ 4min，蒙顶黄芽为 4 ~ 5min，广东大叶青时间稍长需 6 ~ 8min。

3.操作技术

绿茶杀青是多抛少闷，而黄茶杀青是多闷少抛。因为黄茶的品质要求是黄汤黄叶，利用多闷方法，产生强烈的水蒸气，在湿热作用下破坏叶绿素，破坏酶的活性，使叶色转黄。

4.杀青程度

叶子卷缩，叶色变暗绿，嫩梗柔软，折而不断，手摸有黏性，臭气消失，略有清香。

（三）揉捻

1.手工揉捻（黄小茶）

黄小茶嫩度高，且含毫，因而一般都是利用手工揉捻，不采用机械揉捻。杀青后，经摊晾，使水分重新分布均匀，然后在锅内较低温的情况下进行揉捻。如北港毛尖在锅温较低的情况下进行揉捻，一般揉捻程度较轻，掌握用力由小到大，速度由慢到快。

2.机械揉捻

对于那些生产量大、原料较老的叶子，一般是黄大茶则采用机械揉捻方式进行揉捻。机械一般选用中小型揉捻机，加压方式由轻到中再到轻，注意保毫保尖。如广东大叶青的揉捻是利用机械揉捻，中型揉捻机有 265 型、255

型等。揉捻加压采用轻→中→轻的方式，不加重压，并多次松压。揉捻时间为 1、2 级原料 40 ～ 45min，3 级以下原料 50min。黄大茶的揉捻程度一般掌握叶细胞破损率在 60% 左右，条索紧结圆浑且芽叶完整。

（四）闷黄

闷黄是决定黄茶品质的关键性工序。

1.闷黄的方式

根据茶坯的干湿不同，黄茶闷黄的方式可分为湿坯闷黄和干坯闷黄两种。

（1）湿坯闷黄又分揉捻前闷黄和揉捻后闷黄两种，揉捻前闷黄的如沩山毛尖（杀青→闷黄→轻揉→烘焙→拣别→熏烟）。揉捻后闷黄的如广东大叶青（杀青→揉捻→闷黄→干燥）。

（2）干坯闷黄又分毛火后堆积闷黄和足火纸包闷黄，毛火后堆积闷黄的如霍山黄大茶（杀青→揉捻→初烘→堆积→烘焙）。足火纸包闷黄的如君山银针（杀青→摊放→初烘→摊放→初包→复烘→摊放复包→干燥）。

黄茶闷黄不论采用哪一种方式，都是利用湿热作用，使叶子内含物发生一系列的化学变化，从而达到黄茶的品质要求。

2.闷黄时间

由于闷黄的方式、温度、茶坯含水量等不同，因此闷黄时间也不同。一般湿坯闷黄时间较短，如广东大叶青在室温 20 ～ 25℃时，闷黄时间 4 ～ 5h；室温 28℃以上时，闷黄的时间 2.5 ～ 3.5h 即可。干坯闷黄的时间较长，如君山银针初包时间 40 ～ 48h，复包时间也有 24h。

3.闷黄程度

闷黄一般以芽叶变黄为适度（芽茶变金黄为适度）。

如广东大叶青闷黄适度的特征为：叶子发出浓郁的香气，青草气消失，茶香显露，叶色变为黄绿色而有光泽。

（五）干燥

黄茶干燥分毛火和足火。一般毛火采用低温烘焙，足火采用高温烘焙。干燥温度先低后高，是形成黄茶香味的重要因素。

毛火采用较低的温度烘焙，干燥速度慢，有利于内含物的变化，多酚类进行缓慢的非酶性自动氧化，促使叶子进一步变黄。

足火温度略高，是为了增进茶香，并固定已形成的品质。

如霍山黄大茶初烘温度为120℃，而足火复烘温度为130～150℃。再如君山银针复烘时温度45℃左右，而足烘时达50℃。还有霍山黄芽足火烘温也达到100～120℃。黄茶毛茶足干含水量掌握在5%以下，手捏叶成粉末。

第七节　白茶加工技术

一、白茶分类

白茶依茶树品种不同分为大白、水仙白、小白。以大白茶品种制成的称"大白"，以水仙茶品种制成的称"水仙白"，以茶群体品种制成的称"小白"。

依鲜叶嫩度不同制成的成茶花色有白毫银针、白牡丹、贡眉和寿眉。纯用大白茶或水仙品种的肥芽制成的，称"银针"。以大白茶品种的1芽2叶初展嫩梢制成的，称"白牡丹"。以茶嫩梢1芽2～3叶制成的称"贡眉"，制银针"抽针"时剥下的单片叶制成的称"寿眉"。

二、品质特点

白毫银针芽头肥壮，被白色茸毛，具银色光泽，内质香气毫香高显，滋味甘爽，毫味浓，叶底嫩匀，汤色浅杏黄色。

白牡丹芽叶连枝，叶色黑绿或翠绿，叶背银白（故有青天白地之说），叶缘垂卷，香气鲜纯，有毫香，滋味醇爽有毫味。

三、白茶的加工技术

（一）白毫银针的加工

因产地不同，白毫银针制法略有区别，一般分福鼎制法和政和制法。

1.福鼎制法

（1）采摘一般是在清朝前后，当大白茶茶树新芽抽出时，采用肥壮单芽。

选择清明前凉爽晴天采下的单芽制成的白毫银针为上品，清明后再采，制成的白毫银针只能为次品。

（2）萎凋是白毫银针加工的关键工序，将茶芽薄摊于水筛或萎凋帘上，注意摊匀不能重叠，然后放于阳光下曝晒，待含水量为10%～12%即八九成干时，改用文火焙干。如遇其他原因，不能晒达八九成干，或采后遇阴雨天气，要用低温（比文火略低）慢慢烘干。

（3）烘焙时，在焙芯盘内用薄纸垫上，以防芽毫灼伤变黄，萎凋达八九成干的茶芽摊在焙芯内，用文火（40～50℃）烘至足干，每笼约0.5kg，约烘30min。

2.政和制法

（1）采摘。在大白茶抽出1芽1～2叶时，嫩芽连叶同采下来，然后在室内摘取芽头，俗称"抽针"，抽针后，芽制银针，叶则制白牡丹。

（2）萎凋。先将叶子摊在水筛中，置于通风场所萎凋至七八成干，或在微弱的阳光下摊晒至七八成干，之后再移至烈日下晒干，一般要2～3d才能完成。

如果在晴天也可以采用先晒后风干的方法，一般是9时前、16时后，阳光不太强烈，将茶芽置于阳光下晒2～3h，移入室内进行自然萎凋至八九成干。

（3）干燥。政和银针经萎凋后，原先是放在强烈阳光下晒至足干，除非久雨不晴，萎凋困难就必须烘干。现在大多数是萎凋后，再用焙笼文火焙至足干。

（二）白牡丹的加工

1.采摘

白牡丹一般在4月初采制，采摘标准为1芽2叶初展，鲜叶要求"三白"，即嫩芽、初展第一叶、第二叶均要求密披白色茸毛。

因鲜叶来自不同品种，成茶品质也有差异，采自大白茶品种，称"大白"；采自小叶种菜茶，称"小白"；采自水仙种，称"水仙白"。

2.萎凋

根据气候情况，可采用室内自然萎凋、日光萎凋以及加温萎凋等。

（1）室内自然萎凋是鲜叶采回后，薄摊在水筛上，每筛0.3kg左右，注意摊叶均匀，然后放在通风良好的萎凋室内的晾青架上，经35～45h萎凋，芽叶毫色发白，叶尖翘起，叶缘略显垂卷，此时间两筛并为一筛，继续萎凋至含水量为22%时，再两筛并为一筛，继续萎凋约10h，至含水量减至13%时，即为萎凋适度。

（2）加温萎凋是向萎凋室吹送热风（加温萎凋室），掌握萎凋室室温在22～27℃，相对湿度60%～75%。历时25～30h，萎凋叶含水量减至25%左右，叶尖翘起，叶缘垂卷。此时应及时下筛堆积3～4h，叶片主脉变红棕色，叶色转暗绿，青气消失，发出清爽的甜香，此时可进行烘干。

3.干燥

（1）手工干燥。每笼摊叶0.75kg，在70～80℃下烘焙15～20min即可达到足干，操作手势要轻，防止芽叶断碎，影响外形完整。

（2）机械干燥。用机器干燥时，采用低温烘干，风温80℃，摊叶厚4cm，历时25min即可足干。

参考文献

[1] 庄晚芳.中国茶史散论 [M].北京：科学出版社，1989.

[2] 陈宗懋.中国茶经 [M].上海：上海文化出版社，1992.

[3] 潘根生.茶业大全 [M].北京：中国农业出版社，1995.

[4] 许允文，朱跃进.有机茶开发技术指南 [M].北京：中国农业科技出版社，2001.

[5] 俞永明.无公害茶的栽培与加工 [M].北京：金盾出版社，2002.

[6] 杨亚军.中国茶树栽培学 [M].上海：上海科学技术出版社，2005.

[7] 蔡新.茶叶种植与茶叶加工 [M].昆明：云南科技出版社，2011.

[8] 陈立杰.茶叶实用技术 [M].贵阳：贵州大学出版社，2018.

[9] 熊昌云，崔文锐.茶树栽培与茶叶加工 [M].昆明：云南大学出版社，2018.

[10] 王碧林.现代茶叶种植与加工技术 [M].北京：中国农业大学出版社，2019.

[11] 田景涛.茶园田间管理与茶叶加工岗位能力训练 [M].北京：中国轻工业出版社，2019.

[12] 李斌，刘云，邹志华.茶叶绿色高效种植与加工新技术 [M].北京：中国农业科学出版社，2020.